石油天然气井完整性技术

刘洪涛　杨向同　邱金平　编著

石 油 工 业 出 版 社

内 容 提 要

本书详细介绍了石油天然气井完整性技术的概念和基本理念，包括井屏障原理、井完整性管理系统、井完整性风险评估和环空压力管理等重要理念及分析方法，对井全生命周期内钻井、测试、完井、生产、修井和弃置共 6 个不同阶段的井完整性最低要求和典型做法进行了详细介绍。

本书可供油田技术人员及管理人员参考，也可供作为石油工程在校学生的参考教材。

图书在版编目（CIP）数据

石油天然气井完整性技术／刘洪涛，杨向同，邱金平编著．— 北京：石油工业出版社，2019.11

ISBN 978-7-5183-3120-8

Ⅰ．①石… Ⅱ．①刘… ②杨… ③邱… Ⅲ．①油气井-研究 Ⅳ．①TE2

中国版本图书馆 CIP 数据核字（2019）第 003392 号

出版发行：石油工业出版社

（北京安定门外安华里 2 区 1 号　100011）

网　址：www.petropub.com

编辑部：（010）64523562

图书营销中心：（010）64523633

经　销：全国新华书店

印　刷：北京中石油彩色印刷有限责任公司

2019 年 11 月第 1 版　2019 年 11 月第 1 次印刷

787×1092 毫米　开本：1/16　印张：12.5

字数：320 千字

定价：118.00 元

（如发现印装质量问题，我社图书营销中心负责调换）

序

石油天然气勘探开发过程中的油气井井筒泄漏几乎不可避免，由于油气井管理和操作者精心管理，泄漏一般不会演变为失控、环境污染或爆燃。但无控制泄漏导致环境污染或爆燃、危及人身安全的严重事故曾发生过，已引起了国家安全环保部门及石油企业前所未有的高度重视。但随着石油勘探开发的不断深入，大量以超深、超高压和高产为代表的高风险井投入勘探或开发，油气钻完井和生产开发过程中的安全问题十分严峻。油气井安全生产问题在学术上归结为井完整性或井完整性管理。

国际上普遍采用全生命周期井完整性技术来解决油气井的安全经济开发问题，井完整性是一项综合运用技术、操作和组织管理的解决方案来降低井在全生命周期内地层流体不可控泄漏风险的综合技术。通过降低油气井建设与运营的安全风险水平来达到减少油气井事故发生、油气井经济安全运行的目的。2010年，美国墨西哥湾发生震惊全球的 Macondo 漏油和爆燃事故后，全球掀起了井完整性研究热潮。挪威、美国、英国等国均加快了井完整性研究的步伐，D-010《钻井及作业过程中井完整性》（第四版）、《英国高温高压井井完整性指导意见》和 ISO 16530-2《生产运行阶段的井完整性》等标准规范等相继颁布并得到实施。同时，井完整性监测、评价技术也得到了快速发展。近年来，中国石油天然气集团有限公司（以下简称中国石油）、中国石油化工集团有限公司（以下简称中国石化）和中国海洋石油集团有限公司（以下简称中国海油）从自身需求出发，引进国外先进的技术和管理经验，持续开展井完整性技术研究，并取得了良好的应用效果。

该书介绍了近年来国内外发生过的井完整性重大事件及教训，提示井完整性包含油气井本质安全和科学严谨的管理。书中也融入了在塔里木油田高温高压深井井完整性管理的一些做法。全书从井完整性的基本概念、技术现状和发展历程入手，对井屏障原理、井完整性管理系统、井完整性风险评估和环空压力管理等重要理念及分析方法进行系统阐述，并针对井全生命周期内钻井、测试、完井、生产、修井和弃置共 6 个不同阶段的井完整性最低要求和典型做法进行了详细介绍。

该书是一本很好的介绍井完整性基础知识的书籍，全书结构合理，内容充实，阐述详细，具有很好的参考价值。适合在校学生、现场工程师和科研人员作为入门教程了解井完整性技术，期待该书的正式出版受到同行关注，并对中国井完整性技术的普及和推广产生推动作用。

2019 年 6 月 30 日

前　言

石油天然气井完整性是一项综合运用技术、操作和组织管理的解决方案来降低井在全生命周期内地层流体不可控泄漏风险的综合技术，目前国际上普遍采用全生命周期井完整性技术来解决高风险井的安全勘探、开发问题。近年来，中国石油塔里木油田针对库车山前高压气井面临的众多挑战，以借鉴国外先进的井完整性技术和管理理念为基础，持续开展了井完整性研究，初步形成了一套特色井完整性技术体系，为迪那、大北、克深等一大批超高压高温气田的安全高效开发提供了有效的技术支撑。针对目前国内尚无系统的井完整性技术基础知识参考书且业内对井完整性技术及其应用的理解存在较大分歧的问题，作者结合多年的井完整性技术和管理实践经验，系统地总结了井完整性技术内涵、基础理论和典型做法，旨在推动井完整性技术的应用和推广。

本书共分十一章，第一章系统介绍了井完整性概念、技术背景、技术现状和典型井完整性失效案例；第二章从井屏障的定义和基本要求出发，详细介绍了井屏障验证、维护、监控等方面的基本要求和典型做法；第三章介绍了井完整性管理系统的组成和作业功能；第四章介绍了井完整性风险评估要求、典型方法和应用；第五章从环空带压类型入手，介绍了典型的环空压力管理和诊断测试方法；第六章、第七章和第八章分别介绍了钻井、测试和完井阶段井完整性技术典型做法和最低技术要求；第九章从生产维护期间井完整性监控、监测和维护技术要求和典型做法入手，详细介绍了生产期间井完整性管理推荐做法；第十章介绍了有缆作业、连续油管作业和带压修井作业过程中的井完整性技术要求；第十一章介绍了弃置期间井完整性技术典型做法和最低技术要求。

本书第一章至第五章由刘洪涛、邱金平、黎丽丽、薛艳鹏等编写；第六章至第八章由杨向同、刘军严、谢俊峰、耿海龙、王克林等编写；第九章由邱金平、曾努、易俊等编写；第十章和第十一章由曹立虎、张雪松、马磊等编写。本书在编写过程中，得到了长江大学、西南石油大学等院校的大力支持和帮助，在此一并感谢。

鉴于作者水平有限，书中难免存在不当之处，恳切希望读者批评指正。

目　　录

第一章 概 述

井完整性技术是一项通过保证井全生命周期的安全可控来提高油气田总体开发效益的综合技术。近年来，随着越来越多高温高压井、高产井等高风险井的勘探开发，油气井各项失效风险及后果不断提高，同时，各国安全和环保的法规要求越来越严，随着油价的持续下降石油公司对经济效益的要求也越来越高。井完整性技术和管理理念得到了快速发展和广泛应用。

第一节 井完整性概念

一、定义

目前被广泛接受的井完整性的定义为挪威石油标准化组织 D-010 标准对井完整性的定义："综合运用技术、操作和组织管理的解决方案来降低井在全生命周期内地层流体不可控泄漏的风险"。井完整性贯穿于油气井设计、钻井、测试、完井、生产、修井和弃置的全生命周期，确保油气井建设与运营的安全风险水平控制在合理的、可接受的范围内，从而达到减少油气井事故发生、油气井经济合理地安全运行的目的。井完整性主要包括：

（1）油气井始终处于安全可靠的工作状态；

（2）油气井在结构上和功能上是完整的，保证油气井处于可控状态；

（3）油气井管理者通过不断采取相关措施防止事故的发生。

井完整性是涵盖整个全生命周期内设计、施工、后评估及优化全过程中的一个系统工程（图1-1），具体包括：

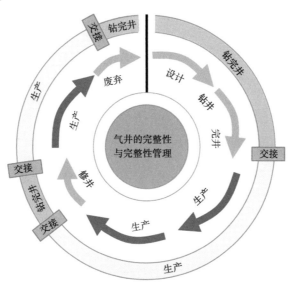

图 1-1 全生命周期涉及的各个阶段示意图

（1）建井设计过程中，应充分考虑钻井、测试、完井、生产和弃置全过程各工况的需要，并针对各工况下的潜在风险确定应对措施；

（2）建井过程中应充分考虑前期作业情况和后期作业、生产需求来制定作业方案，应根据相关规范来验证建立的井屏障安全有效；

（3）对前期建井过程进行深入分析，明确潜在风险和不确定因素，以此作为生产管理措施制定的依据，生产过程中应对井屏障的可靠性进行持续监控、评价和修复；

（4）整个井运行寿命内的所有大修、小修和弃置作业，均应充分考虑前期设计基础、作业情况以及后期作业和生产需要，并对井屏障可靠性进行评估和认定。

二、解决方案

根据井完整性的定义，井完整性通过技术、操作和组织管理三种解决方案来保证井全生命周期内的安全、可控。

1. 技术的解决方案

技术的解决方案指通过技术手段来保证防止地层流体发生泄漏的物理设备在服役期间的完整性。在选择技术解决方案时，重点是制定正确的设备规范，确定井屏障设计、选型、建造、测试、使用和监控的最低技术要求。技术的解决方案至少包含以下方面：

（1）井屏障数量的要求；

（2）井屏障合格标准；

（3）井屏障部件的设计选型原则；

（4）井屏障部件的测试验证要求；

（5）井屏障部件的监控维护要求。

2. 操作的解决方案

操作的解决方案指制定相应的操作程序和文件，确保井在设计规定的范围内运行，并对井屏障部件进行定期的维护和测试，确保井屏障的完整性。操作的解决方案至少包含以下方面：

（1）操作规程；

（2）操作参数范围；

（3）环空压力管理；

（4）井屏障监控和测试；

（5）数据记录。

3. 组织管理的解决方案

为保证全寿命周期内的井完整性，还需要采取适当的组织管理措施。组织管理的解决方案至少包含以下方面：

（1）策略和目标；

（2）组织方案和运行，包括岗位和职责；

（3）人员资历和培训；

（4）工作流程；

（5）承包商管理；

（6）变更管理；

（7）应急准备；

（8）沟通和分享；

（9）文件移交。

三、意义

井完整性问题发生后，易产生人员伤亡、产量损失和坏境破坏等，致使必须进行代价高昂且充满风险的修井工作，且井完整性问题导致的油气井停产将会造成高昂的经济损失。井完整性问题的发展过程通常是逐渐恶化的，典型井完整性问题的恶化过程为：井完整性出现问题后，若未引起足够重视或处理不当，就可能造成井完整性问题不断恶化，从而引发的后果也可能越来越严重，如图1-2所示。若井屏障部件设计、维护和管理存在不足，可能导致井完整性损伤且修复难度加大，井完整性状况进一步恶化后由于无法通过修复来达到最大允许的安全生产要求而关井。井完整性问题井持续增多，整个油气藏的开发滞后而造成经济效益下降；其他修井、增产措施等费用持续增加，油田的总体作业费用持续增加；原本能够经济开发的构造带无法取得经济效益而被迫放弃，整体井完整性状况持续恶化后可能导致整个油气藏被油公司和政府放弃。

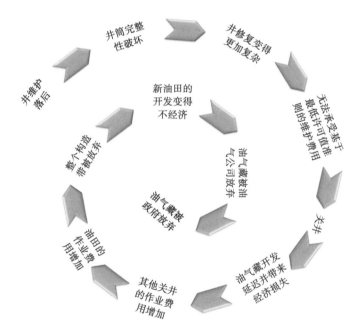

图1-2　井完整性问题持续恶化后果示意图

井完整性问题的后果可能是设备失效、人员伤亡、产量损失和环境污染，并可能导致巨大的经济损失、企业声誉严重受损甚至公司倒闭。

1. 人员伤亡

井完整性事故通常会产生大量人员伤亡，几个典型井完整性事故的人员伤亡情况见表1-1。

表1-1　典型井完整性事故的人员伤亡

序号	井完整性事故	死亡人数，人
1	北海油田英国采油平台大爆炸事故（1988年）	167
2	四川开县井喷事故（2003年）	243
3	墨西哥湾"深水地平线"钻井平台漏油事故（2010年）	11

2. 经济损失

井完整性事故通常会产生大量事故处理费用、环境恢复费用、产量损失等，从而造成巨额经济损失，几个典型井完整性事故的经济损失见表1-2。

表1-2 典型井完整性事故的经济损失

序号	井完整性事故	费用，百万美元
1	Piper Alpha	1270
2	Petrobras P36	515
3	Enchova Central	461
4	Sleipner A	365
5	Mississippi Canyon 311 A	274
6	The Deepwater Horizon Blowout	105000

3. 环境污染

井完整性事故通常引起大量油气泄漏，从而造成严重的环境污染，几个典型井完整性事故的原油泄漏量见表1-3。

表1-3 典型井完整性事故的原油泄漏量

序号	井完整性事故	泄漏量，bbl
1	Sedco 135F and the IXTOC-1 Well——Mexico	3500000
2	Ekofisk Bravo Platform——Norwegian Continental Shelf	202381
3	Funiwa No. 5 Well——Niger Delta	200000
4	Hasbah Platform Well 6——Persian Gulf	100000
5	Union Oil Platform Alpha Well A-21——Santa Barbara	80000
6	The Deepwater Horizon Blowout	4900000

4. 企业声誉损失

井完整性事故由于常伴随着人员伤亡和环境污染，很容易受到社会的广泛关注，恶性井完整性事故通常导致企业形象甚至整个行业形象的严重受损。

2010年在墨西哥湾发生的Macondo井喷事故，"深水地平线"钻井平台被点燃后引发大火和爆炸，整个钻井平台沉没，是美国历史上最严重的原油泄漏事故。平台上11人死亡，17人受伤，总计漏油490×10^4bbl❶油（53000bbl/d），经济损失达1050亿美元，另外支付690亿美元罚款用于环境清理。847730人参与Facebook的抵制英国石油（BP）公司，该公司乃至整个石油行业的形象大打折扣。由美国能源部牵头成立了总统委员会，由美国海岸警卫队和海洋能源管理、监督和执行局（BOEMRE）牵头成立了联合调查委员会，同时委托DNV等第三方公司开展专门的事故原因调查、司法调查等。该事故造成的消极影响至今尚未完全消除。

随着越来越多的高温高压深井的开发，井完整性问题的后果越来越严重，其后果甚至严重到任何企业都无法承受，业界对井完整性问题关注程度也在持续升温。井完整性技术通过

---

❶ 1bbl（美）= 158.9873dm³。

4

综合运用技术、操作和组织管理的解决方案来有效降低油气井全生命周期内各阶段内地层流体不可控泄漏风险，可有效降低井完整性问题发生概率。

近 40 年来，钻井技术突飞猛进，不断向深井、超深井领域迈进，完成了大量高温、高压井。由于井深的增加，油气藏压力、温度也越来越高，钻井装备和入井管柱、工具的元器件也越来越多，油气井在钻井、完井、生产、修井和弃井等不同阶段发生事故的风险也不断增加，失效的后果也越来越严重。

由于钻完井技术的不同系统化，失效分析的难度也越来越大，急需一项连接油气井从设计到弃置全过程的系统技术来保证油气井的成功钻探、安全开发和顺利弃置。1977 年菲利普斯石油公司 Bravo 井喷事故后，挪威最早提出了井完整性的概念，提出"综合运用技术、操作和组织管理的解决方案来降低井在全生命周期内地层流体不可控泄漏的风险"。通过将油气井整个全生命周期内的安全风险水平控制在合理的、可接受的范围内，从而达到减少油气井事故发生、油气井经济合理地安全运行的目的。随后发生的多起恶性井喷事故，包括Saga 石油公司 1989 年的地下井喷、中国石油 2003 年四川开县井喷事故、挪威国家石油公司2004 年在斯诺尔的井喷事故和 BP 公司 2010 年在墨西哥湾发生的马康多井喷事故。这些严重事故时刻提醒着我们石油天然气工业中的潜在危险，同时成为目前业界对井完整性问题十分关注的主要动因。

四、与 HSE 和工艺安全的关系

井完整性是一个国外新理念，井完整性引入过程中，同 HSE、工艺安全的关系曾让很多技术人员和管理人员困惑，甚至一度被认为是做重复工作，但随着井完整性工作的开展和不断推广应用，其与 HSE、工艺安全的关系也逐渐清晰。HSE 的重点是管理，主要突出对管理要素的规定，是一个成熟的现代管理体系；工艺安全主要突出采用一定的技术对某一项工艺评定与管理；井完整性以具体油气井为对象，通过技术、操作和管理三种解决方案来保证油气井全生命周期内的安全、可控，技术和管理层面并重。井完整性从技术层面上是对 HSE 体系安全方面的支撑，是工艺安全在技术方面的拓展和管理方面的补充，是一个同 HSE、工艺安全存在部分交叉内容独立的技术和管理体系（图 1-3）。

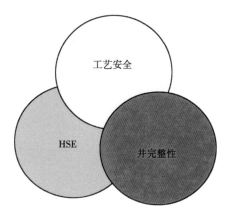

图 1-3　井完整性与 HSE、工艺安全的关系示意图

同时，井完整性又是一个完全区别于 HSE、工艺安全的新理念。HSE 和工艺安全早期均以事故分析和管理为核心，虽有一定的预判机制，但不系统、不全面，需要配备体系庞大的维修队伍和设备来保证事故发生后最大限度地减少损失，目前 HSE 和工艺安全逐渐转变为基于风险的安全分析和管理模式，侧重于安全、健康、环境等多方面风险。

井完整性主要侧重于整个服役周期内油气井全部相关资产设备的安全，通过持续开展井完整性评价来识别潜在危险因素；通过开展科学的井完整性设计规范来规避危险；通过建井施工全程的严格井完整性质量控制来减低危险；通过及时的井完整性测试、诊断、风险评估、完整性分级以及高风险井的修复与缓解来保证油气井长期完整性。更加注重技术细节和针对性的解决方案，井完整性工作的本质是事故发生前，针对油气井钻井、测试、完井、生产、修井及废弃等各个阶段的设计、施工、运行、维护、检修和管理等各个过程，通过持续的测试、监控和评价，预先制定修复维护计划，是有计划的维护和修复，是主动的系统的预防机制。而且这个过程是周期循环和持续改进的，从而将建井和生产管理的安全风险水平控制在合理的、可接受的范围内，达到减少油气井事故发生、经济合理地保证油气井安全运行的目的。

第二节　井完整性技术背景

在过去的 30 年内，石油行业的总体技术取得了显著的进步。但是随着钻井、测试、完井等作业复杂程度的增加，井筒失效事件越来越多，国外相关权威机构对井完整性失效事件做了大量调查研究。目前，高温高压井完整性问题仍然是一个世界性难题。

2001 年，美国矿产部统计了海湾外大陆架地区 15500 口井环空带压情况，其中至少有 8122 口井有一层及以上套管外环空带压，其中生产套管外环空带压占 51.1%，表层套管外环空带压占 30%，导管外环空带压占 9.8%，且随开采期的延长，环空带压井的百分比有所增加，15 年后约有 50%的井环空带压，如图 1-4 和图 1-5 所示。

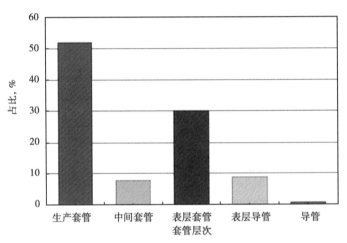

图 1-4　美国海湾外大陆架地区各层套管带压的情况统计

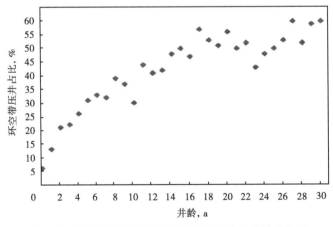

图 1-5　美国海湾外大陆架环空带压井数随井龄增长图

2004 年，美国矿物管理服务机构（MMS）对墨西哥湾的井进行了统计。统计显示墨西哥湾深水及大陆架的 14927 口生产井中有 6650 口井出现过环空带压的问题，其中生产套管环空（A 环空）带压占到 45%。每口井的修理费用高达百万美元以上。

2006 年，挪威石油安全管理局（PSA）对挪威大陆架的 2682 口井中的 482 口井进行了抽样调查。调查显示 18% 的井存在完整性的问题，7% 的井由于完整性问题被迫关井。

2007 年，挪威工业科学研究院（SINTEF）对挪威大陆架 1998—2007 年期间运营的 8 个油气田共 207 口井的泄漏情况进行了调查。调查显示 20%～30% 的井存在至少一处泄漏，井出现泄漏的平均寿命为 4～11 年，其主要形式是井口泄漏（32%），油管泄漏（30%），井下安全阀泄漏（28%）等。

2009 年《SPE 论坛——北海井完整性挑战》近 100 名与会者给出了至少出现过一次异常情况的井数，4700 口生产井中平均有 1600 口井出现过至少一次异常情况。

从墨西哥湾、英国北海、挪威北海三个区块的油气井统计情况看，存在完整性问题油气井比例分别为 45%、34% 和 18%（图 1-6）。

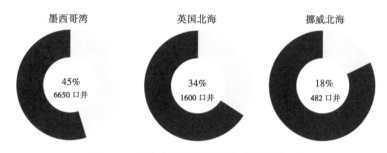

图 1-6　存在完整性问题油气井的百分比

2009 年，OTM 咨询统计了油气井完整性问题，全球总计约 760000 口井中有 38% 的井存在完整性问题，其中 19% 的井因完整性问题而封井或永久弃置，导致每天损失的产值约 10 亿美元。

2010 年，OTM 咨询与 Archer 公司针对全球石油工业界井筒失效相对分配情况调查发现，管件、层间封隔的环空完整性、安全及其他控制系统失效比例占到 81%，腐蚀和结垢占 19%（图 1-7），其中层间封隔的环空完整性、安全及其他控制系统失效可能会出现井失控的风险。

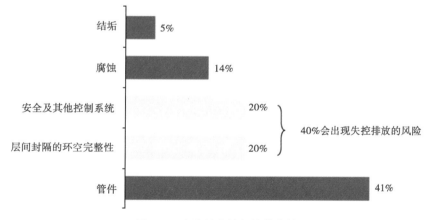

图 1-7　完整性失效与性能失效

通过以上统计数据可以看出，目前井完整性问题是一个世界性难题，随着越来越多的超深高压高温井的勘探开发，井完整性将是石油工业界的一个长期挑战。

第三节　井完整性技术现状

由于井完整性失效和事故导致的安全和经济影响巨大，石油行业始终对油气井安全非常重视，针对设计的优化和作业程序的改进一直都在进行，相关的井完整性管理法规也逐步完善和日趋严格。挪威石油安全管理署（PSA）发布了一系列关于井完整性相关的组织、管理、能力和培训、工作流程、作业、应急预案等法规要求。英国钻井和建造法规（DCR），海上装置安全案例法规（OSCR）和钻井现场和作业法规（BSOR）对职责、井控设备、材料、审核和监督、信息管理、培训、安全评估等做出了明确要求。

国外非常重视井完整性的持续改进，认为通过持续的研究和改进是实现井筒全生命周期完整性的保障。尤其是 2010 年 4 月 20 日墨西哥湾 Macondo 油田发生漏油事故后，2010 年 8 月挪威企业联合会国家协会启动挪威油田管理与 Macondo 油田对标研究，旨在找到并提出井完整性改进意见，截至 2012 年 3 月共对标并提出了 45 项对 D010 的修改建议。其中包括：水泥浆在固井前进行实验室验证，对于水泥浆参数设计（如水泥发泡添加剂或气块添加剂、水泥浆设计，浆料性能、水泥固结时间）应开展独立验证，此验证应由独立的部门或外部第三方执行；应建立负压测试的详细程序和验收标准，该测试应在授权人批准的详细程序的可控方式下进行，且有明确的风险分析等内容。

随着安全和环保的法规要求越来越严，国际知名油公司均非常重视井完整性管理，建立了完善的井完整性管理体系和组织机构，把井完整性作为核心竞争力之一。Statoil 公司建立了井完整性指南和一系列屏障部件设计建造监控标准；BP 公司制定了 HPHT 井设备、建井和作业规程的要求；Shell 公司对井的全生命周期的各个阶段制定了详细的技术、工艺和审核要求；BG 公司侧重在井屏障部件的监控测试要求；COP 公司制定了详细的环空带压和风险评估管理要求。井完整性管理的研究热点还包括 HPHT 井完整性、新技术的应用、全生命周期的井风险评估、井的独立审核、井完整性信息化管理等。

近年来，井完整性相关法规、标准和规范发展迅速，国际上一些行业协会和标准化组织分别发布了井完整性相关的标准、指南和推荐做法。

（1）2011 年，挪威石油工业协会制定了《OLF-117 井完整性推荐指南》，旨在指导井屏障设计、井分级、持续环空带压井管理等。

（2）2013 年，挪威石油标准化组织发布 NORSOK D-010《钻井及作业过程中井完整性工作指南》第四版，针对油气井全生命周期的各个阶段，提出井屏障设计准则、最低技术要求和推荐做法。该标准在全球范围内被各石油公司普遍采用，并作为井完整性技术的指导原则。

（3）2011 年，英国油气协会在发布了《OIL & GAS UK-1 暂停井和弃置井封堵材料要求》《OIL & GAS UK-2 暂停井和弃置井指南》，旨在指导暂停井和弃置井作业设计与施工。

（4）2012 年，英国油气协会发布了《Oil & Gas UK 井完整性指南》，旨在指导井全生命周期内各阶段的井屏障设计、安装与测试。

（5）美国石油协会（API）分别在 2006 发布了 API RP90《海上井环空带压管理推荐做法》和 2009 年发布了 API RP90-2《陆上油气井环空压力管理》，旨在指导海洋油气井和陆上油气井的环空压力管理。

（6）2009年，美国石油协会（API）发布了旨在保护地下水和环境的 API HF1《水力压裂施工作业和井完整性指南》。

（7）2015年，美国石油协会（API）发布了旨在指导压裂井完整性设计的 API 100-1《水力压裂——井完整性和裂缝控制》。

（8）2013年，ISO 组织发布了 ISO/TS 16530-2《生产井完整性》，旨在指导生产井完整性监测、测试和管理。

挪威、英国、美国等国相继发布了大量井完整性相关的补充标准，包括管柱、井下工具、井口装置等井屏障部件完整性设计、施工和维护等，还有一些与井完整性相关的标准、指南和最佳实践正在修订和制定中。

各国均在持续完善井完整性相关的法规。挪威的石油工业管理法规、石油设备设计和配置法规都提出了井屏障的设计和监控要求；英国的海上装置安全案例法规、井的设计和建造法规等涉及井完整性相关的要求；欧盟的海上安全法规近期发布了独立的井完整性审查的要求。

目前，挪威、英国、美国等国相继发布了大量井完整性相关标准、规范和法规，有力推动井完整性标准化和规范化的发展，ISO 等国际标准组织也开始着手井完整性标准的编制，初步形成部分国际通用的井完整性管理与规范，但各国在完整性技术要求和管理模式还存在一定差异，具体差异见表1-4。

表1-4　挪威、英国、ISO 在井完整性技术和管理方面的差异

体系类型	体系关键技术	技术支撑标准	管理模式	技术特点
挪威	（1）NORSOK D010《钻井及作业过程中的油气井完整性》； （2）OLF 117《井完整性指南》	NORSOK《全套的技术标准体系》	（1）挪威石油工业支持起草； （2）挪威石油安全管理局（PAS）监督执行	（1）全生命周期； （2）两个屏障
英国	（1）Oil & Gas UK《全生命周期井完整性指南》； （2）《井弃置指南》； （3）UK Energy Institute《安全作业指南》	英国自有/ISO	（1）英国海上油气联合会制定； （2）英国能源和气候变化部强制执行	（1）全生命周期； （2）承压边界； （3）高温高压井
ISO/API	（1）ISO 16530-2《运行阶段井完整性》； （2）ISO 16530-1《全生命周期井完整性》； （3）API HF1《水力压裂施工和井完整性指南》； （4）API RP 90《海上油气井环空压力管理》； （5）API RP 90-2《陆地油气井环空压力管理》	ISO/API（大约20个）	API/ANSI 等标准，不同部门负责监督执行，如 BO-EMRE，USCG，EPA 等	参照挪威，标准涵盖内容广泛

一、国外井完整性技术现状

1977年，菲利普斯石油公司的 Bravo 井发生井喷后，挪威首次提出了井完整性的概念，在随后的近40年里井完整性技术在挪威、英国、美国等获得了长足发展和广泛应用。

1996年，挪威石油安全管理局（PSA）开始系统地开展井完整性技术研究，并在挪威海上油气田进行推广应用。

2001 年，针对美国墨西哥湾油气井环空带压引发的井完整性挑战，路易斯安那州立大学、斯伦贝谢公司、应力工程服务公司等开展了持续研究，并发表"井内持续套管压力诊断和补救措施的最终报告""对大陆架外缘地区持续套压现象的评论""预防和控制持续套管压力的最佳做法"等研究报告，系统分析了美国外大陆架区域油气井的环空带压情况，以大量现场数据的统计分析为基础，开展了环空压力诊断分析、预防措施、补救措施等研究。

2004 年，挪威国家石油公司 Snorre A 平台井喷事故后，挪威石油标准化组织 NORSOK 发布了第三版 D-010《钻井和作业过程中的井完整性》，提出了井屏障管理的理念，系统的描述了井筒在保证安全生产过程中保证其完整性的措施，各个油公司和作业者开始重视和使用该标准。

2006 年，API 首次发布了旨在指导管理海洋油气井环空压力的推荐作法 RP 90《海上油田环空压力管理推荐做法》，该推荐作法涵盖了环空压力的监测、环空压力诊断测试、建立单井的最大环空许可工作压力（MAWOP）以及对环空压力的记录等内容，成为指导国外海上油气井管理环空压力的重要指导方法。2012 年，API 发布了旨在指导管理陆上油气井环空压力的推荐作法 API RP 90-2《陆上油气井环空压力管理》。

2007 年，挪威首次发布井完整性管理软件（WIMS），成立 WIF 井完整性协会。多家公司先后开发了自己的井完整性管理系统，大量油公司采用井完整性管理系统来提高井完整性技术和管理水平。油气井完整性管理系统是一种连续的管理、评价和验证系统，用来确保井在整个生命周期内的设计、施工、监测和维持的持续性和可靠性。

2010 年，BP 公司在墨西哥湾发生 Macondo 井喷事故后，井完整性引起了全球广泛关注，2012 年英国发布《英国高温高压井井完整性指导意见》；2013 年，挪威石油标准化组织 NORSOK D-010 吸纳了行业对该事故提出的 450 条建议基础上，修订发布了第四版。

近年来，井完整性监测、评价和技术在国外得到了快速发展。

在大量开展井完整性技术研究和标准编制工作的同时，发达国家均相继制定和完善了大量井完整性相关的法规来保证井完整性工作的有效开展。挪威的石油工业管理法规、石油设备设计和配置法规都提出了井屏障的设计和监控要求；英国的海上装置安全案例法规，井的设计和建造法规等涉及井完整性相关的要求；欧盟的海上安全法规近期发布了独立的井完整性审查的要求。

二、国内井完整性技术现状

针对国内油气井特别是高温高压井面临的井完整性挑战，以引进国外先进的技术和管理经验为基础，中国石油、中国石化和中国海油均从自身需求出发，开展了井完整性技术研究，并取得了一定的应用效果。

（1）2005 年，克拉 2 气田多口井 A 环空压力异常，中国石油塔里木油田引入井完整性新理念，开展问题井风险评估，采用 API RP90 标准进行各环空最大允许带压值计算，并制定治理措施。

（2）2007 年 7 月，针对罗家 2 井地面冒气及其对周围居民安全的影响，在国家安监总局的组织下，借鉴国际上井完整性相关的规范和标准，引入井完整性设计、管理理念，开展含 H_2S 气田的井完整性及安全研究。

（3）塔里木油田针对库车山前高压气井面临的众多挑战，以借鉴国外先进的井完整性技术和管理理念为基础，持续开展了井完整性研究。2009—2011 年，针对迪那 2 气田多口井出现完整性问题，在进行广泛的井完整性国际调研的基础上，开展了全油田井完整性现状大调查，首次按照引用井完整性的理念制定了相应的措施，保证了迪那 2 气田的安全高效开发。随后针对大北区块、克深区块大规模建产后井完整性面临的新挑战，开始系统研究井完整性。

（4）西南油气田于 2006 年开始重视并着手开展井完整性评价相关工作。2008 年依托龙岗气田开展了一系列相关研究工作，并形成了一套"三高"气井完整性评价技术；2011 年起不断配套和完善了井完整性评价所需的各种设备和工具；2014 年编写了《高温高压高酸性气井完整性评价技术规范》企业标准。

（5）2015 年，中国石油发布《高温高压及高含量硫井完整性指南》，成为国内第一个系统的井完整性指导文件，并在中国石油所有油气田内推广应用。随后，又陆续发布了《高温高压及高含量硫井完整性设计准则》和《高温高压及高含量硫井完整性管理规范》，最终形成一套涵盖井完整性程序文件、设计准则和管理规范的完整标准系列。

（6）中国石化针对元坝气田超深超高压高温气井面临的井完整性挑战，持续开展环空压力管理、风险评估等工作，为元坝气田的勘探开发提供了有效的技术支撑。

（7）中国海油针对东海、南海高温高压气井的完整性挑战，从引入井屏障设计理念，依托中海油研究总院开展了井完整性技术研究，并成立了井完整性组织机构来保证井完整性管理。

中国石油、中国石化和中国海油均结合自身油气田的特点，开展了井完整性研究，并取得了一定的效果，并完成了部分井完整性相关标准和规范。但国内井完整技术还比较零散，未形成完整的技术体系，同挪威、英国等井完整性技术先进国家相比还存在较大差距。

第四节　典型井完整性失效案例

一、挪威北海 P-31A 井事故

1. 事故经过

2004 年 11 月 28 日，挪威北海的 Snorre A 平台 P-31A 井在侧钻过程中海底发生了溢流，随之而来的是天然气泄漏。工作人员乘直升飞机撤离，平台发生了持续燃烧，2004 年 11 月 29 日，潜在引燃源气流停止后燃烧停止，事故井趋于稳定。

2. 事故处理

2004 年 11 月 29 日，挪威石油安全管理局（PSA）任命一个调查组，来调查作业不合格和有待改进的地方。这些可分为以下几个方面：管理文件未严格遵守、对风险评估的理解和执行不足、管理过程存在不足以及违反井屏障设计和建设要求。不符合发生在几个层次上对土地和设施的组织。调查结果显示，有大量不合格和需要改进的地方，且没有迹象表明这一事件是偶然发生的。还指定了一个工作队来监测正常化工作。调查组约谈土地组织和有关设施的有关人员，对提交的文件进行了评估，并对设施进行了检查。MTO（个人技术组织）准备好直接分析这个事件。

3. 事故原因分析

挪威石油安全管理局（PSA）调查发现该井存在的不规范项多达 28 项，具体包括：

（1）内部审计过程中未发现管理中的不足；

（2）没有按照相关管理文件来制定施工计划；

（3）尾管射孔设计存在缺陷；

（4）作业计划变更的后果未做充分分析；

（5）完井作业经验不足；

（6）井设计过程中未充分考虑切割套管的危害及潜在风险；

（7）未针对作业风险开展风险评估；

（8）未开展防喷器对于特殊尺寸管柱的密封和剪切能力评估；

（9）同行间相互协助的管理机制不足；

（10）审批程序不完善；

（11）签名审核程序不符合相关规定；

（12）井作业规划阶段，未开展全面的风险审查；

（13）缺乏类似作业经验；

（14）尾管射孔作业能力不足；

（15）在尾管穿孔前，针对满足两道井屏障要求，未执行立即停止作业指令；

（16）对不合格问题未做充分处理；

（17）钻井和完井作业程序不明确；

（18）危害与可操作性研究不足；

（19）危害与可操作性研究结果未有效执行；

（20）专业知识不足以评估整体风险；

（21）作业程序细节上未考虑潜在风险；

（22）尾管穿孔、剪切和上提过程中不满足两道独立井屏障要求；

（23）井控操作经验不足；

（24）上提尾管出防喷器过程中没有足够的井屏障；

（25）对抽汲风险的评估不足；

（26）方钻杆旋塞堵塞；

（27）相关人员迟到；

（28）记录不充分。

二、墨西哥湾 Macondo 事故

1. 事故经过

2010 年，BP 公司位于墨西哥湾的"深水地平线"钻井平台 Macondo 井，固井后替液过程中，发生井喷爆炸着火事故，11 人死亡，17 人受伤；随后伴随着第二次爆炸，深水地平线平台沉入海底。每天流入墨西哥湾的原油达到 35000 ~ 60000bbl，大面积海域受到严重污染（图 1-8）。具体经过为：

（1）4 月 19 日下完 7in+9⅞in 生产套管；

（2）4 月 19 日至 20 日 0:30，按设计注入水泥浆、替钻井液碰压，检查套管鞋密封，完成固井作业；

（3）4 月 20 日 7:30，以 350K（159t）坐挂套管头，起出送入钻具，起钻中多次观察溢流情况；

（4）4月20日8:00，BP公司决定不测固井质量，下管柱替液；

（5）4月20日14:00，下注塞管柱至8367ft（2550m），下钻中多次观察溢流情况；

（6）4月20日15:00，BP计划用海水替出加重钻井液后再打临时水泥塞后换成采油井口；

（7）4月20日21:49，用海水（1.03g/cm³）顶替油基钻井液（1.92g/cm³）时，发生天然气爆炸着火；

（8）4月22日发生大爆炸，36h后平台沉入墨西哥湾。

图1-8 Macondo事故现场图片

2. 事故处理

BP公司在美国休斯敦设立了一个大型事故指挥中心。从160家石油公司调集了500人，成立联络处、信息发布与宣传报道组、油污清理组、井喷事故处理组、专家技术组等相关机构，并与美国当地政府积极配合，寻求支援。

首先进行了清污工作，2010年5月10日开始铺设围油栏，分别在美国阿拉巴马orange海滩，La Batre海，国家野生动物保护区周围以及Venice港周围布置了长度超过304800m的围油栏，在Dauphin岛周围设置了稻草墙，同时由美国空军喷洒消油剂，燃烧围油栏内的水面溢油。5月13日建海上围油栏335280m，围油拖栏97536m。据美国媒体报道，有公益组织号召墨西哥湾民众捐献头发、羊毛和动物毛皮，他们将头发及动物毛皮装进长丝袜里，放到漏油的区域，用它们吸油。

BP公司聘请道达尔公司、埃克森公司等专家制定井喷漏油治理措施，分别试用了机器人水下关井、大型吸油罩吸油、安装小型控油罩吸油、安装吸油管吸油、顶部井压法等多种方法都宣布失败或效果不理想，最后使用水下机器人成功切割隔水管。BP公司6月4日宣布，成功将一个控油罩安装在水下，放在防喷器上部，并将部分原油和天然气收集到油轮上。第一个24h内，共收集6000bbl原油。在钻救援井方面，在东西两个方向各打一口救援井，通过钻穿9⅞in尾管后在油层顶部挤水泥封井。

1）事故原因分析

该事故发生的直接原因包括：

（1）在固井候凝后，替海水过程中，套管外液柱压力降低，是发生井喷的直接原因。该井完井液密度为 $1.9g/cm^3$，海水密度 $1.03g/cm^3$，海水深度 1544.8m，替海水过程中，隔水管内 1544m 的完井液柱替换成海水液柱，使套管环空上部液柱压力降低，导致溢流发生，直至井喷。

（2）未及时发现溢流，发现溢流后采取措施不当是井喷失控爆炸着火的直接原因。该井发生溢流初期，现场人员未能发现溢流，在大量溢流的情况下，仍然坚持开泵循环，直到天然气上升到井口才停泵，观察 4min 后关井，然后两次开泵排气。此时井筒已全部为天然气，再次关闭其他防喷器，由于喷势太大，防喷器发生刺漏，最终发生强烈井喷，爆炸着火。

该事故的发生的间接原因包括。

（1）固井质量不合格。该井采用了充氮气低密度的水泥浆固井，有报道称该水泥浆体系固井成功难度较大，可能该井固井质量存在问题，同时该井 $8\frac{1}{2}in$ 井眼内固井间隙非常小使得固井质量难以保证，同时该井固井还存在以下问题：

①固井前循环不够。按照 API 规范规定，下完套管后，应充分循环，至少将井底受污染的钻井液循环出井口 1.5 倍环空容积或套管加钻具内容积。但 BP 要求只循环 $41.5m^3$。受污染的钻井液仍留在井筒内，降低了井筒液柱压力，增加了溢流井喷风险。

②未安设计安装扶正器。套管不居中，影响固井质量。哈里伯顿固井工程师按照 API RP65 规范和计算机模拟，认为应使用 21 个套管扶正器，才能基本保证固井质量，达到微量天然气串流。但 BP 经过多次讨论后，在 4 月 17 日决定只使用 6 个套管扶正器。

③未测固井质量：未检验固井质量，违章进行下步作业。

④候凝时间不够：该井固井候凝 16.5h，就开始替海水作业。

（2）密封总成坐封效果不好，该井在固井后且密封总成已坐封的前提下，油气仍从套管环空喷出，说明密封总成未起到应有的密封作用。

（3）防喷器关不住。该井配有防喷器紧急关断系统，当水下防喷器与平台失去联系时，紧急关断系统应该能够自动启动后关闭水下防喷器，但该井紧急关断系统未关闭防喷器。事故后仍无法启动该系统关井。

该事故发生的管理原因包括。

（1）未及时发现溢流：现场未能及时发现溢流，直到天然气到井口才停泵观察、关井；

（2）录井人员责任心不强：从发生溢流到事故发生的这 1h40min 内，录井资料非常明显地显示出井内溢流，但录井人员未引起重视，未向钻台作业人员通报，导致了事故发生；

（3）麻痹大意，管理人员缺失：当时是该平台已经 7 年无事故，当天 BP 公司高层人员在平台上开庆祝酒会，现场只有部分人员在岗，可能存在管理人员缺失，对现场生产过程失去了有效监控；

（4）为赶工期进度，采取了多项不当的操作程序；

（5）为例降低成本，减少了防喷器系统的配备，未配备远程声控系统（用来在特殊情况下远程关闭防喷器）；

（6）监管不力：美国联邦矿产管理局未能按时履行每月至少检查一次的正常检查制度，放宽了日常作业条件、钻井平台重要安全设施的检查。

14

2）事故影响

该事故在以下方面造成了重大影响。

（1）重大人员伤亡；

（2）最严重污染环境——浮油面积日增两倍；

（3）经济损失严重：造成美国佛罗里达州19.5万人失业，诉讼原告达3万多人，事故赔付140亿美元，损失达（186~692）亿美元；

（4）政治安全：BP公司安全形象严重受损；可能影响美英关系（路易斯安那州、亚拉巴马州、佛罗里达州的部分地区以及密西西比州先后宣布进入紧急状态）。

3）井完整性分析

通过井屏障分析发现，Macondo井错过了8个避免灾难性事故发生的机会。

（1）环空水泥环未起隔离作用。

固井质量未得到有效保证，固井作业存在以下问题：

①固井前循环不够，未达到要求的1.5倍；

②扶正器使用不够：哈里伯顿推荐使用21个，实际只使用了6个；

③井筒水泥浆灌入过少，裸眼以上仅360m；

④在新技术评估与确认方面，本井采用的泡沫水泥可靠性论证不够；

⑤未测固井质量：要求关键固井必须测井；

⑥候凝时间不够：16h左右。

（2）套管浮鞋和套管内水泥未起隔离作用。

已固井的套管或尾管鞋串除非经过充分的设计、置换和测试，否则不能作为一个井屏障部件，只能当成一端开式的套管。管鞋串失效被证实是导致井喷的重要因素。该事故后，D010和英国井完整性指南等井完整性标准对套管浮鞋及套管内水泥作为井屏障。

在有无足够水泥塞高度、有无气侵、负压测试标准方面做了严格规定。

（3）未通过有效评价来证明井屏障可靠性。通过不正确的试压来证明井屏障可靠，负压测试没有标准化，未做负压测试。

（4）溢流进入隔水管才发现，未及时发现问题。平台所有人员显然没能识别出井涌的明显征兆，溢流约6.2m³，没有发现。最早发现溢流的时间是20:58，全体人员直到21:38才发现显示。

（5）井控装置未能及时控制住溢流，主要表现在：

①直到油气进入立管，未采取有效的井控措施，怀疑井控演练不够；

②发现溢流约5min后，未能操作环形防喷器关井；

③应该将井内流体排向舷外而非流入钻井液池，可以给现场人员更多反应时间。

④分离器处理能力不够导致气体进入钻井液池。气体量过大，分离能力不够，大量气体进入钻井液池；

⑤防火系统未能自动启动来隔离气体。气体检测和自动关闭系统未起作用，气体扩散至非防爆区域，着火。气体通过甲板空气吸入口进入发电机房，运行的发电机是一个潜在的点火源；

⑥起火后，避免事故发生的最后机会是启动剪切闸板防喷器封井，但该井先进的防喷器系统封井失败（可能存在误操作或遇到钻杆接头），事故调查发现，该井未按照要求配备远程声控控制系统。

该事故后，井完整性引起了全球范围内的高度重视，大量井完整性新标准和修订版本面世，主要包括：

（1）2011 年，API 发布《水力压裂井井完整性指导意见》；

（2）2011 年，挪威石油工业协会发布《OLF117——井完整性指导意见》；

（3）2012 年，英国油气协会发布《英国高温高压井井完整性指导意见》；

（4）2012 年，API 发布 API RP 90-2《陆上油气井环空压力管理》征求意见稿；

（5）2013 年，挪威石油标准组织发布最新的"D010"第四版《钻井和作业过程中的井完整性》；

（6）2013 年，ISO 发布 16530-2《运行阶段的井完整性》；

（7）2015 年，API 发布 API RP 100-1《水力压裂——井完整性和裂缝控制》；

（8）2015 年，ISO 发布 16530-1《全生命周期井完整性》。

三、塔里木盆地塔中 823 井事故

1. 事故经过

塔中 823 井是中国石油塔里木油田部署在塔里木盆地塔中地区Ⅰ号坡折带上的一口重点评价井，位于巴州且末县境内，距沙漠公路直线距离 5km，距塔中 1 号沙漠公路直线距离 9km，距塔中作业区约 40km，距最近的村庄约 200km。该地区为沙漠腹地，无长住居民。

该井于 2005 年 7 月 23 日开钻，11 月 8 日钻至井深 5550m，11 月 21 日完井，11 月 24 日正式转为试油。11 月 26 日拆采油树，吊起采油树放到地上后约 2min 井口开始有轻微外溢，抢接变扣接头及旋塞不成功，压井液喷出高度已经达到 2m 左右。重新抢装采油树不成功，井口压井液已喷出钻台面以上高度。井队紧急启动《井喷失控应急预案》，停电、停车、人员安全撤离现场。

图 1-9　塔中 823 井事故现场图片

2. 事故处理

塔里木油田公司接到塔中 823 井井喷报告后，立即按程序向中国石油勘探与生产分公司做了汇报，并迅速启动了油田突发事件应急救援预案，立即成立以塔里木油田公司总经理为组长的抢险工作组，第一时间赶赴现场。组织以塔中 823 井附近的 10 家单位 1374 人全部安全撤至安全区。为确保过往车辆人身安全，巴州塔里木公安局分别对肖塘且末民丰至塔中的沙漠公路进行了封闭，油田抢险车辆携带 H_2S 监测仪和可燃气体监测仪方可通过。

26 日中午，组成抢险小组携带 H_2S 监测仪和正压呼吸器进入井场，勘查现场情况，经检测，现场距离井口 10m 左右 H_2S 浓度不超标（人员顺风口进入现场，检测仪器未显示出含 H_2S）。同时，塔中 823 井方圆 20km 以外的作业区场所，由专人负责监控现场 H_2S 浓度。根据勘查结果，制定了两套压井作业方案，并报请股份公司通过。

先进行清障作业，清除井口采油树，推副井场，准备 4 台 2000 型压裂车组，储备水 $200m^3$、密度 $1.30g/cm^3$ 压井液 $400m^3$，从油管头四通两侧接压井管线并试压合格。于 12 月 30 日进行反循环压井施工作业，共泵入密度 $1.15g/cm^3$ 的污水 $110m^3$，压稳后抢装旋塞。然后正反挤 $1.30g/cm^3$ 的压井液 $173m^3$，事故解除。图 1-10 为塔中 823 井事故处理现场照片。

图 1-10 塔中 823 井事故处理现场图片

3. 事故原因分析

通过对事故调查结果综合分析后认为，本次事故在地质和工程方面存在一定的意外因素。

（1）地质原因。该井地层属于敏感性储层，经酸压后沟通了缝洞发育储层，喷、漏同层，造成压井液密度窗口极其狭窄，并不易压稳。

（2）工程原因。按照当时国内的试油工艺和装备，将测试井口转换成起下钻井口时，需要卸下采油树，换成防喷器组。井口有一段时间处于无控状态，这是当时试油工艺存在的固有缺陷。

但本次事故也存在很多人为责任因素，总的来看，造成本次井喷事故的原因有以下几个方面：

（1）井队未严格按照试油监督的指令组织施工，是导致本次事故的主要原因。

（2）井队对地下情况认识不足，在井口压力不稳的情况下，擅自进行拆装井口作业，是导致本次事故的直接原因之一。

（3）拆卸采油树之后，未能及时抢装上旋塞是导致本次事故的另一直接原因。

（4）井队在拆装井口过程中，未及时通知试油监督和工程技术部井控现场服务人员，使整个施工过程中，缺乏应有的技术指导是导致本次事故的另一重要原因。

（5）井队技术力量薄弱，井队施工作业能力和应变能力较差，也是造成本次事故的原因之一。

（6）监督指令下达不规范，也是其中一个间接原因。

4. 事故教训及经验

（1）对高含硫油气井必须给予高度重视，要进一步加强技术力量配备。

对高压、高产和高含硫的油井必须从甲乙方两方面加强技术力量，加强硫化氢知识的安全培训，正确认识和科学防护硫化氢，并明确责任，密切协作。同时加强对各类危害和风险的识别评价，从技术方面制定出科学周密的措施。同时，要制定切实可行的预防和控制措施，特别是建立针对性强的应急预案，并分解到各相关岗位予以贯彻落实。以此加强技术力量，从源头上保证高含硫油气井的施工作业安全。

（2）应进一步加强对钻井及相关作业队伍的管理，确保作业队伍的人员素质满足安全生产需要。

一些承包商队伍将一些工龄较短、工作经验不够丰富的技术管理和操作人员推上一些关键岗位，由于人员紧张，部分现场作业人员长期在现场工作，不能正常倒班。这些都导致人员素质下降，给钻井及相关作业的安全生产带来潜在的巨大隐患。因此应进一步加强对乙方施工队伍的监督管理，在加强对员工培训工作的同时，强化对施工队伍及人员的能力评价工作，并进一步培育钻井及相关作业队伍市场，以确保各施工作业队伍的人员能力满足勘探开发生产，特别是高难度、高风险井的施工作业要求。

（3）应进一步加强监督队伍的人才储备和综合素质的提高，以适应不断发展的需要。

（4）健全完善硫化氢安全防护管理制度，加大防硫安全投入，进一步加强对相关人员硫化氢的培训，加强对硫化氢安全防护用具的配备。

5. 事故的井完整性分析

塔中823井换装井口作业过程中，当采油树吊离井口后，井内仅剩压井液作为一级屏障（图1-11），而在挤压井作业后观察时间过长，环空内压井液漏失，油管内压井液在此期间已经气侵，液柱压力降低，一级屏障已经失效。而井口无任何井控设备，在一级屏障失效后，无有效的二级屏障可进行关井，导致井口压井液外溢，进而发生井喷失控事故。

改进措施：针对换装井口作业过程中的只有一道井屏障带来的井完整性风险，专门设计了油管内堵塞阀，在拆除采油树前，下入油管内堵塞阀，将油管内通道封闭，完成采油四通换装作业后，再使用专门工具起出油管内堵塞阀，保证换装井口作业过程中具有两道井屏障（图1-12），从而提高换装井口作业的安全性。

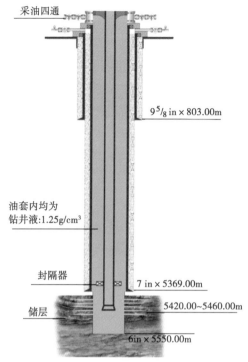

图 1-11 塔中 823 井作业过程井屏障示意图　　图 1-12 新的换装井口作业井屏障示意图

四、四川盆地罗家 2 井事故

1. 事故经过

2006 年 1 月 12 日罗家 2 井进行二次完井试修作业，根据设计需要钻磨电缆桥塞、原产层段补射孔、下耐蚀合金完井管串诱喷和测试、酸化、测试求产施工作业。

（1）通井：换装井口装置，防喷器试压 20MPa 合格。下钻通井至 2781.86m，探得桥塞塞面，按设计用 $\rho 1.58g/cm^3$ 的压井液对井筒试压 30MPa。

（2）钻桥塞打捞桥塞：钻桥塞 2h 至井深 2781.17m，桥塞下落至 5in 尾管喇叭口，井深 2839.75m。下公锥、强磁打捞桥塞未获。因桥塞转动，拟注水泥固定桥塞。3 月 2 日下光钻杆反挤注 $\rho 1.58g/m^3$ 水泥，憋压至 27MPa，压力迅速下降，循环发生井漏。

（3）注水泥固桥塞、磨铣桥塞：注水泥固定桥塞后，分别下 $\phi 143mm$ 和 $\phi 102mm$ 磨鞋磨铣桥塞，通井至 3315m（$\phi 127mm$ 尾管喇叭口深度 2840.53m）。磨铣过程中井漏，但未加认真分析。

（4）刮管：下 $\phi 177.8mm$ 刮管器，在井段 2750～2790m 反复刮铣 3 次，刮管至井深 2840m，循环漏速增大。吊罐起钻至井深 2118.87m，静止观察，并间断吊灌压井液，13.5h 后发现压井液外溢出出口管，关井。

2006 年 3 月 25 日，四川油气田罗家 2 井在二次完井作业中发生井漏，含硫飞仙关组天然气窜至与罗家 2 井同井场的罗家注 1 井，并通过凉高山—沙溪庙组断层泄漏到地表，井场周围山坡和河谷出气点如图 1-13 所示，致使当地群众 13860 人疏散。4 月 6 日压井封堵成功，排除了险情。

图 1-13　井场周围山坡和河谷出气点

2. 事件主要原因

罗家 2 井嘉五段套管漏失,飞仙关组气层天然气上窜,从破损处沿着罗家 2 井和罗家注 1 井之间的嘉五段溶洞发育和地层破碎带,进入罗家注 1 井;再沿着罗家注 1 井的套管外环形空间,向上进入到 840m 处凉高山—沙溪庙组断层,泄漏到地面。罗家注 1 井固井质量存在严重问题,未采取补救措施就转入下步施工,留下了严重的事故隐患。罗家注 1 井套管外环形空间从 465m 至井底无水泥,为天然气窜至地面提供了通道。

1)7in 套管破损导致罗家 2 井天然气窜漏

导致 7in 套管破损的潜在因素包括:

(1)较大井斜点的存在增大了套管受损的可能性。

罗家 2 井利用地层自然造斜规律钻至 3300m,实现自然中靶。虽然采取了防斜措施,井斜控制也符合有关标准要求,但仍在个别点出现较大井斜,最大井斜角为 17.17°(井深 2125m、2175m)。在井斜较大的部位,7in 套管容易受到钻具的磨损。

(2)罗家 2 井因井下复杂被迫改变了井身结构。

该井 9⅝in 套管设计下深 2818m(嘉二 3 段),封嘉二 3 段以上漏失层、垮塌层和低压气层。钻井过程中,13⅜in 套管从井深 331.94m 断裂,下部滑落至井深 336.94m,形成了 5m 长的断距,钻进中多次发生阻卡,继续钻进困难,且 13⅜in 套管已不具备井控能力。

9⅝in 套管被迫提前下至井深 1704.38m(须家河组顶),没能按设计封住嘉五段漏失层,使该段 7in 套管成为最薄弱点,增加了先期损坏的可能性。

(3)完井方法的改变导致 7in 油层套管的磨损。

该井原设计 7in 油层套管后期射孔完井,由于 9⅝in 套管的提前固井,为了封住嘉五段漏失层,7in 套管被迫在目的层以上的嘉一段提前固井。固井后,在 7in 油层套管内的钻井和完井作业时间长。该井 2000 年 3 月 31 日下 7in 套管固井,5 月 13 日钻至井深 3404m 完钻,5 月 31 日下 5in 尾管固井,并钻塞至人工井底 3320m 完井。在 7in 套管内作业时间达 2 个月,其中纯钻进和起下钻时间长达 704h,又缺乏有效的保护措施,不可避免地对 7in 套管产生磨损。

（4）试压和挤注可能加剧套管的损伤。

在二次完井作业中，先后试压 30MPa、试挤 27MPa、注水泥时挤压 25MPa，可能加剧套管的损伤。

（5）可能存在套管外腐蚀的问题。

由于飞仙关组气层压力高（40.7MPa），漏失层承压能力低（19.82MPa），在套管破损，且破损位置在井内钻具下入深度之下，堵漏压井作业难以建立有效的液柱压力以平衡上窜的气层压力并切断气源，从而形成地下井喷的复杂局面。

2）罗家注 1 井固井质量差为天然气泄漏至地面提供了通道

罗家注 1 井 5½in 套管固井中，由于嘉五段漏失严重，仅从地面分 3 次反注水泥 66t，井深 465m 以下井段固井质量差，套管与井眼之间几乎无水泥。在罗家 2 井发生地下井喷，天然气进入嘉五段后，套管外环间客观上为天然气窜至地面提供了通道。再加上在凉高山组—沙溪庙组有断层，导致天然气经断层上窜至地表。

3）井身结构被迫改变后未改用高品质厚壁套管。

罗家 2 井 7in 油层套管的选用上，从井口到 583.11m 和 2609.5 ~ 3044.68m 的井段选用强度相对较高的壁厚 11.51mm 的 7in 套管。但在井身结构被迫改变后，忽略了嘉五段漏失层对套管的潜在影响，依然按设计在嘉五段漏失层井段选用强度相对较低、壁厚 10.36mm 的 7in 套管，嘉五段漏失层的 7in 套管成为最薄弱处，增加了先期损坏的可能性。

思　考　题

1. 讨论井完整性的定义和作用，讨论井完整性同 HSE、工艺安全的关系。
2. 讨论国内外井完整性技术现状。
3. 分析深水地平线事故发生的原因，讨论深水地平线事故的影响。
4. 从井完整性的角度分析塔中 823 事故和罗家 2 井事故。

第二章 井屏障原理

井屏障设计与管理是井完整性技术的基础，在井整个生命周期内通过设计、安装足够数量和高质量的井屏障来保证井完整性。在井全生命周期内通常要求至少保持两道井屏障，其中，第一井屏障为直接阻止地层流体无控制向外层空间流动的屏障，第二井屏障为第一井屏障失效后，阻止地层流体无控制向外层空间流动的屏障。

第一节 井屏障定义

井屏障指由一个或多个油气井设备、工具、流体和地层等组成的封闭空间，以防止井内或井外的流体不受控制的流动。井屏障的作用为：

（1）在正常生产或作业期间，防止油气从井内泄漏到外界环境中，降低钻井、生产和修井等作业的风险。

（2）在紧急关井情况下，能够快速实现关井，防止油气从井内流出。

井屏障行使其功能的方式分为即时性的和连续性的。如通过井口指令关闭井下安全阀，井屏障应立即做出响应，属于即时性的；如连续性承受高压的井口采油树，是持续保持井屏障功能的，属于连续性的。

一般而言，油气从井系统泄漏到外部环境中的途径主要有四种：

（1）通过井下完井管柱；

（2）通过井下完井管柱环空；

（3）通过环空之间的水泥环；

（4）井套管系统的外侧和周边。

井屏障是对井完整性进行有效管理的基础。在油气井全生命周期内，应保证有 2 套独立、可靠的井屏障，用来降低钻完井、开发生产及修井等作业的风险。第一井屏障指直接阻止地层流体无控制向外层空间流动的屏障，第二井屏障指第一井屏障失效后，阻止地层流体无控制向外层空间流动的屏障。当第一井屏障失效时，应根据井身结构来重新划分井屏障，并确认井屏障的可靠性。

油公司应确保在井整个寿命周期内有足够且合格的井屏障。井屏障设计、选择、安装、测试、检查、监控与维护等应记录在井设计与井作业工艺流程中。

组成井屏障的油气井设备、工具、流体和地层等称为井屏障部件，井屏障部件独自或同其他井屏障部件一起形成一道井屏障来阻止地层流体无控制流动。对于一口生产井，第一井屏障组成部件通常包括盖层、套管水泥环、生产套管、生产封隔器、油管、地面控制井下安全阀或采油树主阀门。第二井屏障组成部件通常包括地层、套管、井口、带密封装置的油管悬挂器、采油树和采油树连接装置、带执行器的翼阀或采油树主阀门。选择井屏障部件时，应充分考虑其性能要求，通常包括功能性、可用性、可靠性、有效运行周期、失效机理、失效后果、运行条件、与其他井屏障部件的交互作用等。

第二节　井屏障基本要求

井屏障的基本要求包括：

（1）能够承受可能受到的最大预期载荷；

（2）能够满足井整个生命周期中可能遇到的环境（压力、温度、流体、机械应力）条件；

（3）能够阻止井筒内流体不可控流动，并能够阻止井筒内流体流入外部环境；

（4）能够被定期验证、测试（弃置井可能不适用本要求）。

井屏障的性能要求包括：

（1）功能性，井屏障能够在预定时间内执行功能；

（2）可靠性，井屏障应具备在规定作业条件下和预定时间内成功执行其功能；

（3）耐受性，井屏障承受使用环境条件的能力。

合格的井屏障是保证井整个生命周期内完整性的基础，需要通过硬件、操作、人员、管理四个方面的努力来保证井屏障在整个服役周期内有效。

（1）硬件方面：通过合理设计、正确安装和有效验证，来保证新安装井屏障硬件的可靠性；

（2）操作方面：通过专业、规范的做法和程序对井屏障进行有效监测、监控，来保证井屏障在服役周期内的长期可靠性；

（3）管理方面：通过规范井屏障管理相关人员职责、制定相关资源供给流程、形成有效的审核及检测做法等工作，规范井屏障管理水平，保证人员、部门间的有效合作和协调工作来提高井屏障管理水平；

（4）人员方面：结合相关培训和资格审查，确保井屏障相关设计、操作和管理人员具有足够的技术能力，保证井屏障相关人员专业地开展工作。

应保证在井全生命周期内有足够的、合适的井屏障来防止井筒泄漏风险的发生。对于井屏障的数量，应至少满足以下要求。

（1）在井的全生命周期内，原则上至少需要两道井屏障。每道井屏障应尽可能是独立屏障，并根据国际或行业最佳实践进行设计、选型和建造。

（2）在井作业或生产过程中不具备两道井屏障时，应开展风险评估，并采取最低合理可行（ALARP）的风险削减措施。

（3）对不能建立两道独立井屏障、存在使用共用井屏障部件的作业，应对其风险进行评估。

（4）在防喷器安装前的一开钻井作业，至少需要一道井屏障。

（5）对于弃置井，在油气层和地面之间至少需要两道永久的井屏障。

在建井设计和作业程序中应明确设计足够的井屏障，确保全生命周期井的完整性。井屏障在设计选型时应考虑以下因素：

（1）具有较高的可靠性，能够承受其可能会接触到的最大压差、温差和所处的井下环境；

（2）能够采用试压、功能测试或用其他方法进行检验；

（3）确保不会因一个故障事件而导致井内流体无控制地泄漏至外部环境；

（4）能够对已失效的第一井屏障进行恢复或建立另一级替代井屏障；

（5）方便操作且能够承受可能会长时间接触的环境条件；

（6）对可以进行监控的井屏障部件，应能够随时确定井屏障的实际位置和完整性状态；

（7）尽量避免出现共用的井屏障部件。

井屏障在操作过程中，应遵守以下几点要求：

（1）对于所有可能接触到油气井压力的设备，均须遵守双重封堵和排放原则，即所有油井的入口/出口处均应采用两个阀串联；

（2）当工作管柱穿过井屏障部件时，井屏障部件应能够剪断工作管柱并在剪断管柱之后密封井眼；

（3）必须标出工作管柱中所有的非剪切组件；

（4）通过防喷器下入非剪切组件时，必须制定好处理井控问题的程序；

（5）下入非剪切的长管柱组合时，必须要有一个能够密封井眼的部件，不论穿过井屏障的组合是何种尺寸均能够实现密封（如环形防喷器）。

第三节　井屏障部件

井屏障是一个或几个井屏障部件（WBE）的组合，组成井屏障的井屏障部件可以是流体、地层、工具、设备和管柱等。

应根据具体井况和工况，选择合适的井屏障部件，井屏障部件选择时应考虑以下内容：

（1）功能性；

（2）可用性；

（3）可靠性；

（4）失效机理；

（5）失效后果；

（6）运行条件；

（7）与其他系统的交互作用。

ISO 16530—2列举了典型井屏障部件性能标准的示例，见表2-1。

表2-1　典型井屏障部件性能标准示例

最低验收标准	保障措施	措施单位	示例
井口/采油树外观检查 井口/采油树、阀门和仪器的连接部位不应存在滴/漏现象（目测）	外观检查合格	无泄漏	零
井口/采油树阀门的可操作性 所有的井口/采油树阀门应能够按照生产厂家规定的规范进行操作（圈数）	按照生产厂家的规范要求进行测试/操作，测试/操作结果合格	圈数	18¾圈
井口/采油树阀门的启动 已经打开的井口/采油树阀门应能在规定时间内关闭，该时间是由该井的作业人员根据API 14标准结合相关操作要求确定的	反应测试合格	时间	30s

最低验收标准	保障措施	措施单位	示例
井口/采油树阀门的泄漏率 阀门的泄漏率不得大于作业人员根据 API 14 标准所确定的相应允许泄漏率	测试/泄漏率合格	环境体积/时间	0.425m³/min
环空安全阀的完整性 环空安全阀的参数范围由作业人员根据 API 14 标准确定，应在参数范围内工作	测试合格 按照现有记录的要求进行操作	压力限制	xx MPa
环空完整性管理（1） 环空压力应低于给定的套管环隙最大容许压力（MAASP）/启动压力值，并尽可能将压力降至最低	工作压力应低于现有套管环隙最大容许压力（MAASP）记录值	压力限制	xx MPa
环空完整性管理（2） 正确校准环空压力监测设备，报警器（如果已安装）在要求的设定点工作，或者通过人工方式定期记录压力值	测试合格 根据现有的记录要求进行操作	精度	百分比
环空完整性管理（3） 环空压力测试应在作业人员规定的油井工作压力范围内进行	测试合格 根据现有的记录要求进行操作	试压	xx MPa
井下安全阀的完整性 井下安全阀应在作业人员规定的参数范围内工作	测试合格 根据要求进行操作	泄漏测试	0.425m³/min
油井堵塞器的完整性测试 油井堵塞器应在作业人员规定的参数范围内工作	测试合格 根据要求进行操作	泄漏测试	0.425m³/min
气举阀/油管完整性 气举阀和油管应在作业人员规定的参数范围内工作	气举阀和油管至环空的测试合格	负压测试	0.425m³/min
悬挂器的密封装置、控制管路通道、馈电通路以及 DASF（直接存储设备）/接头短管密封区域组件试压压力应在作业人员规定的油井工作压力范围内 电潜泵/梁式泵/电动潜油螺杆泵/螺杆泵/喷射泵气举系统停泵时可能会导致流线/井口或其他油井组件的压力过高，应在规定压力范围内进行停泵测试	测试合格 根据要求进行操作	试压	xx MPa
电潜泵/梁式泵/电动潜油螺杆泵/螺杆泵/喷射泵 气举系统停泵 人工举升系统在停泵时可能会导致管线/井口或其他油井组件的压力过高，因此停泵测试应在规定的因果图参数范围内进行	测试合格 根据要求进行操作	停机测试	30s
安全阀或生产翼阀定位 根据油井作业人员确定的因果图进行操作	测试合格 根据要求进行操作	停机测试	30s
注入井的工作压力范围 由作业人员确定的最大允许注入压力	根据井眼的套管环隙最大容许压力（MAASP）确定出注入压力的极限值	压力限制	xx MPa
蒸汽井 由作业人员确定的最大允许压力/温度	根据井眼的套管环隙最大容许压力（MAASP）和温度极限值确定注采压力/温度的极限值	压力+温度限制	xx MPa/℃

对于所有使用的井屏障部件，均须制定其验收标准并严格执行。井屏障部件典型的部件验收标准表应包括设计、初次测试验证、使用、监测等多方面的要求。井屏障部件验收标准表的推荐格式见表2-2。挪威石油标准化组织的D 010标准提供了59中典型井屏障部件的验收标准。如生产封隔器和井下安全阀作为井屏障部件的的验收标准分别见表2-3和表2-4。

表2-2　井屏障部件验收标准表描述

特征	验收标准	参考
描述	这一部分是对井屏障部件的描述	
功能	这一部分描述了井屏障部件的主要功能	
设计（能力、等级和功能）、构建和选择	对于在现场构建的井屏障部件（如钻井液、水泥固结）来说，这一部分应描述以下内容： （1）设计标准，如井屏障部件在其使用周期内必须承受的最大载荷条件以及其他的功能要求； （2）井屏障部件及其子组件的构建要求，在大多数情况下都是参考引用标准； （3）对于预先加工好的井屏障部件（生产封隔器、井下安全阀）来说，重点应是参数选择，从而选择合适的设备并确保现场安装正确	具体参考资料的名称
初次测试和验证	这一部分针对准备开始使用并作为井屏障一部分的井屏障部件描述了其检验方法	
使用	这一部分描述了井屏障部件的正确使用方法，从而在施工和作业的实施过程中保持其功能完好	
监测（定期监督、测试和检验）	这一部分描述了井屏障部件的检验方法，从而使屏障部件保持完好并达到设计标准	
共用的井屏障部件	如果井屏障部件是一个共用的元素，则会在这一部分描述除上述标准之外的其他标准	

表2-3　生产封隔器作为井屏障部件的验收标准

特点	验收标准	参考
描述	本部分包括一个封隔器本体（带连接到套管/尾管的锚固机构）以及一个在安装过程中启动的环形密封胶筒	
功能	生产封隔器的目的： （1）在完井管柱和套管/尾管之间形成密封，以防在生产封隔器之下的地层流体流入A环空； （2）预防流体从封隔器胶筒之上的本体密封部件内部流入作为完井管柱的A环空内	
设计、结构和选择	（1）生产封隔器应当根据公认标准中的原则进行测试并通过测试，依据的标准如ISO 14310 V1（最低要求）和V0（如果井内在坐封深度含有游离气）。生产封隔器应当在无支持、未水泥固井的套管内进行合格性测试。 （2）坐封深度应当使得封隔器之下通过套管的任何泄漏途径，都能被套管外的井屏障系统抑制住。在井的寿命周期内，地层完整性和任何的环空密封（如水泥环）应能够承受预计的压力和温度。 （3）封隔器将永久坐封（就是说不会因往上或往下的力而释放），并且能够承受所有已知的载荷。 （4）应设计可机械回收式生产封隔器，以防意外启动。 （5）封隔器（本体和密封胶筒）应承受最大的压差，以下列最高者为准。 （6）油管挂密封件的试验压力。 ①油气藏、地层完整性，或者注入压力减去封隔器之上的环空内流体的静液压力； ②关井油管压力，加上封隔器之上的环空内流体静液压力，减去油气藏压力； ③挤毁压力，作为油管最低压力的函数（堵塞的射孔孔眼或低计量分离器压力），同时存在较高的作业环空压力（最大允许的压力）	ISO 14310

特点	验收标准	参考
初次测试和验证	如可行，将按流体的流动方向对其进行最大压差漏失试验。或者，在相反方向进行最大压差负压测试或漏失试验，条件是需要证明能够提供双向密封	
使用	下入修井工具不会损害其密封能力，也不会意外地使其释放	
监控	将通过持续地记录在井口液面实测的环空压力来监控其密封性能	
常见井屏障	无	

表 2-4 井下安全阀作为井屏障部件的验收标准

特点	验收标准	参考
A. 描述	本部分包括一个管体，具有关闭/打开机构，可封闭管柱内径	
B. 功能	其目的是预防油气或流体从油管内流出	
C. 设计、结构和选择	（1）应放置在海底之下至少 50m 的地方。 （2）设置深度由井内的压力和温度情况确定，要考虑到水合物的形成以及结蜡、结垢等情况。 （3）安全阀应当： ①由地面控制； ②故障自动关闭； ③应当放置在井内造斜点之下，以在可能的碰撞点提供关井能力； ④应根据环空内最高工作液密度来计算安全故障防护关闭系数（最大设置深度）； ⑤在安装井下安全阀的井中，井下安全阀应当通过五次强力关闭，其中至少两次是在该井的最大理论产量时进行的。这是为了证明井下安全阀的设计用途，并证明安全阀能够承受强力关闭产生的作用力，同时其关键部件不会发生变形	API Spec 14A/ISO 10432 API RP 14B
D. 初次测试和验证	将按流动方向用高、低压差进行测试。低压测试的最大压力为 70bar❶（约 1000psi）	
E. 使用	当暴露于高速流体或研磨性流体时，应考虑增加测试频率	
F. 监控	（1）应当以如下规定的间隔进行漏失试验： ①每月一次，直至连续三次测试都合格为止； ②每三个月一次，直至连续三次测试都合格为止； ③每六个月一次； ④测试评估期间将依据体积和压缩性，并将持续一段时间；这段时间最少为 30min，将使允许的泄漏速度产生可测量的压力变化。 （2）井下安全阀测试的验收应满足以下 ANSI/API RP 14B 的要求： ①$0.42m^3/min$（$25.5m^3/h$）（$900ft^3/h$）——对于天然气； ②0.4L/min（6.3gal/h）——对于流体； ③如果无法直接测量泄漏速度，应当进行间接测量，方法是监控阀门下游的封闭体积的压力； ④每年都须进行应急停机功能测试，须证实可接受的停机时间，并且阀门在收到信号时能关闭	API RP 14B ISO 10417
G. 常见井屏障	无	

---

❶ 1bar＝14.5psi＝0.1MPa。

第四节 几种特殊井屏障

一、套管水泥环

同一层套管水泥环既可成为一级井屏障的屏障部件，也可成为二级井屏障的屏障部件，具体取决于该套管水泥环所能达到的验收标准。挪威石油标准化组织的 D010 标准规定有两个连续 30m 的水泥胶结质量良好水泥段的一段水泥环可作为井屏障部件，水泥胶结段长度和质量可以通过测井得出，但必须得到专业技术人员检查、确认。如果一层水泥环具有达到这一要求的两段，则该水泥环可以分别成为一级井屏障和二级井屏障的屏障部件。如图 2-1 所示，该套管水泥环不会被定义为共用的井屏障部件。

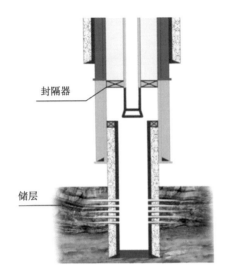

图 2-1 一级井屏障和二级井屏障

二、共用井屏障部件

对于某些油气井施工过程，不可能建立两道相互独立的井屏障，此时就会存在共用井屏障部件，必须进行风险分析并采取减小风险的措施来证明共用井屏障部件合格，对于共用井屏障部件，应增加额外的预防措施和验收标准。

共用井屏障示例 1：在修井过程中，采油树上的翼阀既是一级井屏障的一部分，也是二级井屏障的一部分，因此是共用井屏障部件，如图 2-2 所示。

共用井屏障示例 2：在某些情况下，水泥塞可以作为共用井屏障部件，例如，在套管内设置连续水泥塞且对水泥环的可靠性进行验证后，可以作为共用井屏障部件，如图 2-3 所示。

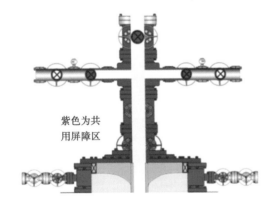

图 2-2 共用屏障部件——翼阀

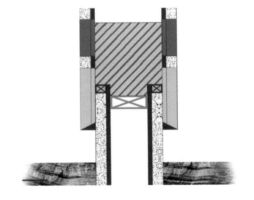

图 2-3 共用屏障部件——水泥塞

三、固井管鞋

固井套管或尾管的管鞋，如果没有进行正确设计、充填与测试就完成施工，则不能作为一个合格的井屏障部件。

将未通过有效设计和充分验证的固井管鞋作为井屏障部件，是 BP 公司"深水地平线"事故为代表的大量井喷事故发生的主要原因。

固井管鞋应当做完全开放的套管来考虑，除非这些管鞋是经过专门设计并进行了测试，证明其可以作为阻止井内流体流动的井内屏障使用，否则不能作为井屏障部件。

评价固井管鞋是否满足井屏障要求，应考虑以下几个方面。

（1）管鞋中水泥石的长度。

采用双塞固井技术，下部水泥塞用于顶替钻井液，顶部水泥塞用于顶替套管内的水泥。固井作业过程中会预留一定的固井管鞋长度来容纳替浆过程中被钻井液污染的水泥。如果管鞋被设计成井屏障，还应考虑管鞋的长度。

（2）管鞋轨迹内水泥的质量。

水泥塞周围出现的任何漏失或过量的替浆都可能降低管鞋内未受污染水泥的质量和体积。应结合施工过程分析水泥质量。

（3）负压测试。

套管内部（正压）试压并不能证明管鞋可以作为合格的井屏障，因为正压测试过程中顶部水泥塞承受着上方的压力但并不承受来自下方的压力。即使管鞋或浮阀在安装前进行了试压，但在注水泥固井过程中也有可能受损而失效。为充分证实管鞋可作为合适的屏障使用，应进行负压测试。

第五节　井屏障的验证

应对所有井屏障进行测试验证来保证其可靠性。可通过试压、功能测试或其他方式进行验证，以确保其功能正常（如防喷器功能测试）且能承受可能的最大压差（通过正压和负压测试来验证）。

应尽量按流体流动方向对屏障进行测试，若无法实现，应对屏障故障概率及后果进行评估。

测试记录应与井文件资料一起保存。

可根据需要进行重复测试，以确定井屏障的状况，确保井屏障在整个井寿命周期内的可靠性。

应制定可操作的井屏障部件测试方案，该方案应包括明确的测试程序、测试合格标准和具体测试要求。应对所有进行井屏障测试的设备或仪器及时校验，并做好记录。下面 5 种情况下必须进行井屏障验证：

（1）在井屏障首次投入使用之前；

（2）更换井屏障承压部件后；

（3）怀疑有泄漏时；

（4）当某个井屏障部件工作压差或载荷工况超出了原设计值时；

（5）按照设计或规范要求的定期测试；

（6）在压力测试过程中，在可行的情况下，应对测试屏障部件下游的流体体积进行监测。

一、功能测试

功能测试是对井屏障或系统能否按设计运行的检查。功能测试应该是真实的和客观的，应对测试结果进行记录。

需进行功能测试的典型部件包括阀、安全关井系统、报警器、仪表等。

功能测试是对某个组成部件或系统是否处于可运行状态的检查。例如，阀功能测试应表明阀能够正常旋转（打开或关闭）。功能测试并不提供阀是否会产生泄漏方面的信息。对于手动阀，功能测试是通过对手柄的转动圈数进行计数以验证阀是否平稳地循环（打开和关闭）来完成的；对于液动阀，功能测试是通过观测阀杆是否能达到其全行程，并测量阀的开启和关闭时间来完成的；功能测试不提供有关阀可能泄漏的信息。对于某些无法观察阀杆运动的阀，可以通过观察液压特征（控制管路压力数据和液压油驱动体积）来验证其功能正常。

对于需要启用的井屏障部件，必须要进行功能测试，以下情况需进行功能测试：

（1）在安装之前；

（2）在安装之后；

（3）如果承受了异常的载荷作用；

（4）在维修之后；

（5）定期测试。

除了定期进行验证测试之外，可以根据需要考虑进行更频繁的功能测试。

二、压力测试

1. 压力测试基本要求

1）可以接受的漏失率

除非是在井屏障部件验收标准中另有说明，否则可以接受的漏失率必须为零。测试验收标准应考虑到体积效应、温度影响及滞留空气和介质的压缩性。对于无法监测或测量漏失率的情况，必须确定最大允许压力下降（稳定读数）标准。

2）压力测试方向

应在流体流向外部环境的方向上施加测试压力。如果不能做到这一点，或者这样做会带来额外的风险，可以在流体流向外部环境的反方向上施加测试压力，这样做的前提条件是井屏障部件在这两个流向上均能形成密封。在流动方向反方向上进行测试，其价值有限，因此任何在部件流动方法反方向进行的测试都应该做专门记录说明。

3）试压压力值和试压时间

在钻井、完井和修井过程中，开始高压试压之前，应进行低压试压，试压压力通常为15~20bar，通常要求稳定读数最少保持5min。在生产/注入阶段进行定期试压时，不需要进行低压试压。

高压试压的压力值须等于或大于井屏障部件可能会接触到的最大压差。必须观察记录静态测试压力，通常要求稳定读数至少10min。

在生产/注入阶段，应向所有的井屏障部件施加一定的压差（如70bar），漏失率在允许范围内为合格。可根据实际情况使用小一些的压差（若油气井压力较低），则允许漏失率也相应成比例地改变。

负压测试通常要求至少能保持稳定读数 30min（若存在流量大、高压缩性流体或温度影响等，应延长测试时间）。

试压压力值不得大于油气井设计压力或裸露井屏障部件的额定工作压力。

为了确保试压作业符合要求，应做到以下几点：

（1）确定压力测试的验收标准时，应考虑到监测流量的大小；

（2）确定与测试压力之间可以接受的最大偏差；

（3）确定在一定时间段内最大允许压力变化范围。

2. 压力测试方案

试压作业前应制定一份包括试压目的、试压间隔时间和泄压要求等内容的试压方案书面程序，对于重复试压，应依据标准的操作流程。在每一次常规试压前，对于任何特定环境（如天气、设备变更、新作业人员等）都应重新检查评估，确保该标准流程仍然适用。

试压流程应包括在作业计划中（或专门制定一份试压流程）。试压开始前应仔细检查该流程，确保针对试压所做的所有假设现在仍然有效。如果有较大的改动（如实际储层压力高于预测值或水泥塞深度较浅），应重新修订试压工艺流程。

应检查试压布局，确保待试压井屏障的上游或下游没有任何障碍，因为若有障碍可能会掩盖出现的漏失。对于有些屏障，需要绘制示意图标识各类阀及其状态。

对于多部件屏障（如钻机防喷器或采油树），需要进行一系列试压来鉴定屏障中的每一个独立部件。试压步骤顺序及每一步骤的成功/失败原则应在工艺流程中清楚描述。

1）流体体积计算

对于需要大量流体体积的试压（如套管试压），工艺流程中应包括将压力升高到需要达到的压力值时所需的流体体积计算。该类计算通常为简单计算得出的近似值。但若实际作业泵入流体量同计算值偏差较大，应引起足够重视。计算流体体积时应考虑不同流体可压缩性的差异，特别是流体中含气体时，应特别注意压缩系数的影响。

2）试压作业

试压前应进行作业前安全会议，检查下述内容：

（1）试压目的；

（2）试压工艺流程；

（3）风险评估结果；

（4）作业现场及设备；

（5）应急预案；

（6）安全预防措施。

在进行高压试压前，应先进行低压试压，这是因为井屏障在低压下也必须满足密封要求。

低压试压值应能够让设备测量和检测到，一般为 200~300psi。在大面积上（如 20in 套管）试压会更具危害性，因为同样压力下的总作用力更大。

如果低压试压成功，应将压力提高，进行高压试压。工艺流程中应陈述清楚这样的试压是一步完成还是采取一系列步骤完成并在中间阶段进行检查。应注明泵注的流体体积量，并与工艺流程中计算出的体积进行对比。

稳压时间应为计划中规定的时间，根据监控到的试压空间体积而定。

工艺流程应解释如何安全泄压、在哪一步骤试压结束。在可能的情况下，应测量返出的流体体积，并与实际泵注的体积对比。

3）成功/失败标准

正压试压会提高井屏障上游密闭空间内的压力。检查井屏障上游压力无下降即可确认这一点。并可通过监控流动情况或屏障下游的压力变化来作为补充依据。

试压成功的最佳标准是在特定时间段内压力变化为零。通常实际试压很难做到，因此，可根据不同试压制定具体的验收标准。

工艺流程中应说明低压试压和高压试压应稳压多长时间。

密闭空间内残留的气体会影响试压作业，但彻底清除残留气体难度很大，因此试压初期通常会有一个初始压力变化，应对系统重新打压至试压压力值并进行监控。

残留密闭气体出现轻微下降后，再出现压降即表明屏障出现故障，应加强对所有工艺流程及设备的识别，再重复试压作业。

试压过程中可能出现的问题还有。

（1）带压间隙中的气体（试压前应尽可能地将气体或空气排出）。

（2）温度效应（较冷的流体泵注到较热的空隙会使压力下降）。若出现温度效应，最终监测压力前，应先稳定温度。

如果井屏障不能像工艺流程中规定的那样承受压力，则井屏障试压失败。应对井屏障进行更换或维修。作业应包括：

（1）解除机械堵塞再将其重新坐放；

（2）在第一个机械堵塞上方坐放一个辅助机械堵塞；

（3）在出现故障的堵塞顶部打水泥塞。

3. 负压测试

当正压测试无法反映流体流入方向的承压时，需要进行负压测试。通过负压测试来检验井屏障部件承受压差的能力，例如使用欠平衡流体替出井内原有流体，为接下来的作业做准备，如完井、测试、钻穿渗透性高压层以下的套管等，均应进行负压试验。

需要进行负压测试的典型井屏障通常包括：

（1）尾管悬挂器/尾管顶部封隔器；

（2）套管内的机械式堵塞；

（3）井下安全阀及采油树阀；

（4）套管悬挂器密封总成；

（5）膨胀式封隔器；

（6）油管内机械式堵塞。

1）负压测试应考虑的特殊问题

负压测试过程中需要特别注意的问题通常包括。

（1）井屏障上游的压力未知且随时在发生变化。例如，在生产井中下入桥塞，作用在屏障上游一侧的储层压力会在井眼启动生产后升高。如果坐放桥塞后立即对屏障进行了负压测试，就不会反映出桥塞所受到的最大压差。

（2）屏障下游的压力增加情况或流体流动情况很难被测量到。例如，在井底部分流量或全部流量可能位于屏障和测量设施之间。

（3）在负压测试过程中，温度可能会变化。应区别因漏失和热效应引起的压力增加。

（4）对于过平衡作业，会有意地降低或清除掉主动屏障，以产生所需的压差。如果屏障试验不成功，井眼为欠平衡状态，则井内可能会出现气侵或井涌。这种情况可能会在测试期间或测试后出现。

（5）负压测试可融合到顶替作业中（井筒内已完全顶替为轻质流体）。应评估负压测试结果，并在进一步进行顶替作业前对所做试验签字确认。

（6）不恰当的负压测试或"错误的正压"（错误地认为有高质量屏障的试验）可能会由于井内顶替了轻质流体而导致严重的井控事故。

2）负压测试要求

应详细描述负压测试的实施过程，描述中应包括以下信息：

（1）确定要进行负压测试的井屏障部件；

（2）确定发生渗漏将会带来的后果；

（3）由于流量大、温度影响、移动等原因，导致不确定结果的风险；

（4）如果发生渗漏或者试验结果不确定，应对措施的计划；

（5）测试线路和阀位置的示意图；

（6）所有的操作步骤和决策点；

（7）针对试验确定的验收标准。

实施负压测试时应遵守以下要求：

（1）必须对负压试验失败所产生的后果进行评价；

（2）在可行的情况下，必须对要进行负压试验的井屏障部件进行压力测试；

（3）必须对二级井屏障进行测试，以确保在负压试验失败的情况下二级井屏障能够承受住压差的作用；

（4）在顶替和试验过程中，必须一直保持对流量和压力的控制；

（5）在进行负压试验的过程中，必须确保在出现流动迹象或者在结果不明确的情况下能够用过平衡液体重新替出井内流体；

（6）在顶替过程中，不得使非剪切组件通过防喷器的剪切闸板；

（7）使用欠平衡液体替出井内流体时，必须确保防喷器关闭且井底压力不变；

（8）顶替完成之后，必须在不减小井底压力的情况下实施关井；

（9）必须逐步减小井底压力，至预先确定的压差值；

（10）每一步都必须对压力的变化情况进行监测，监测时间必须达到规定的时间段。

3）负压测试计划

通过降低井屏障靠地面一侧（下游）的压力来形成测试压差。该下游压力应低于油气井整个寿命期间可能出现的最低压力。

在过平衡作业中，清除掉主动屏障。如果井屏障负压测试失败，可能会出现气侵，则需要启动潜在屏障和二级井控。

负压测试计划的几点重要内容如下：

（1）井屏障能成功稳住压力的识别方法；

（2）屏障泄漏失败的识别方法；

（3）如果屏障失效，能成功转换为过平衡井况的安全方法。

可通过以下方式达到负压测试所需的初始流动压力。

（1）向钻柱内泵入少量轻质流体（如海水、清水、基油），坐封封隔器，封隔环空，然后泄掉钻柱内压力，监控，整压，放喷。

（2）低压差负压测试屏障。由于泵入了较冷的流体入井，入井后温度升高，导致压力上升，为使井况稳定需要一定时间，以达到有效测试。测试大概需要几小时，不像正压试验，只需要几分钟。

（3）如果屏障失效，将封隔器解封后，在井控状态（用节流形成回压）下将轻质流体循环出井。然后按常规循环井眼，检查井内是否是已充满压井液，然后再开始维修或更换测试失败的屏障。

4）作为负压测试的流动检测

钻井过程中的流动检测也是一种负压测试。循环停止时，井底压力降低为静水压头。通过监控钻井液补给罐/流动管线中是否有返排或关闭的防喷器下方是否有压力升高，以检查井筒情况。

如果存在流动，则表明井眼在静止非循环井况下为欠平衡状态。应关闭潜在屏障（钻机防喷器），观察井眼。在井控状态（通过节流）下将井底完全循环出井。

如果井况表明井筒为欠平衡状态，在进行下一步作业前，应先提高钻井液密度，确保井筒在静止状态下为过平衡状态。

三、地层完整性测试

为了确保钻井、生产/注入和弃井阶段的井完整性，必须要系统地测试地层岩石的力学参数。应根据测试目的来选择地层完整性的测试方法。常用的测试方法见表2-5。

表2-5　地层完整性测试方法

方法	目的	备注
地层承压能力测试	为了确认地层或套管水泥环能够承受预先确定的压力值	向地层施加一个预先确定的压力，观察地层是否稳定
漏失测试	为了确定井壁/套管水泥环能够实际承受的压力值	一旦发现偏离了线性压力与流量曲线，应立即停止测试
延长渗漏测试	确定最小地应力	该测试使得裂缝延伸至地层内并确定裂缝闭合应力

为了证实地层是一个合格的井屏障部件，必须确定地层具有足够的完整性并进行记录，应遵守要求见表2-6。

表2-6　地层完整性要求

井型/施工	最低地层完整性	
	新井	现有井
探井（所有的施工，包括永久性弃井）	可以通过压力密封测试、地层完整性试验或者漏失测试测得地层完整性。考虑到静水压力，测量值必须要大于井段设计压力	
生产井/钻井以及井眼中有压井液存在的施工		

井型/施工	最低地层完整性	
	新井	现有井
生产井/使用无固相完井液实施的完井，生产、注入和弃井施工	最小地层应力/裂缝闭合应力必须要大于地层深度位置的最大井筒压力。必须根据储层压力设计井筒压力，对于生产井来说，设计井筒压力应为最小值，为储层压力减去静水压力，对于注入井来说，设计井筒压力应为最大注入压力，为储层压力加上静水压力	在原设计中采用的地层完整性压力（泄漏压力与裂缝闭合应力之间的压力段）仍可使用。在进行永久性弃井之前，必须对原设计值进行重新评估

图 2-4 表示的是在非渗透性地层中进行延长渗漏测试时典型的压力变化情况。

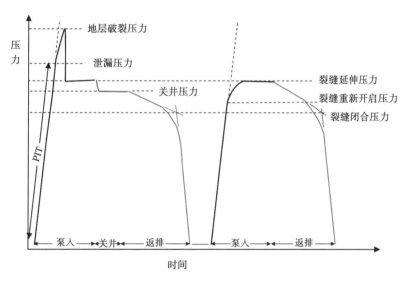

图 2-4　延长渗漏测试压力曲线

四、井屏障验证的记录

所有的井完整性测试均应进行记录，并由作业负责人签字确认，典型测试记录见表 2-7。

表 2-7　压力和功能测试记录

记录内容	压力测试	功能测试
油田和井眼名	X	X
测试曲线的规定比例尺	X	
测试的类型	X	X
测试压力/压差	X	
测试液	X	
测试的系统或组件	X	

记录内容	压力测试	功能测试
承压系统的设计容积	X	
泵入和放出的流体体积	X	
时间和日期	X	X
测试评价周期	X	
观测压力变化趋势/观测漏失率	X	
测试的验收标准	X	X
测试结果（合格或失败）	X	
启动时间或关闭阀门所需的圈数		X

注：X—应记录项。

第六节　井屏障示意图

针对油气井生命周期内的各项作业均应绘制井屏障示意图，当井屏障或井屏障部件发生改变时，应重新绘制井屏障示意图。

一、基本数据要求

所有作业井和生产井均应绘制井屏障示意图，典型井屏障示意图应包括下述基本信息。

1. 作为井屏障的地层强度信息

在所有井设计中，地层均属于井屏障系统，承受油藏压力或井筒压力。因此，了解井眼都穿过了哪些地层，并且确保这些地层承受的压力未超过其强度非常重要。超过地层强度的压力会导致套管、水泥环或者井屏障外侧发生泄漏。这些对于所有类型的井都非常重要，对于注入井应特别注意。

井屏障系统内各地层的强度都应该在示意图中标明，并且在确定该井的施工和生产参数时应将其考虑进去。地层强度值主要来源于钻井过程中的实测数据，例如地层承压试验、地破试验和延伸地破试验。地层强度值也可以通过岩心样品测试、测井或者油田历史数据拟合得到。用这些方法获得的地层强度值在含义和误差上各不相同（例如测井比岩心测试得到的数据误差要大），因此，在标明地层强度数据时应该指明是通过哪种方式取得的。

为储层流体提供了储集空间的地层和井屏障部件一起构成了井屏障系统，但是，地层性质不能像井屏障部件那样被测试、设计和监测，什么样的井屏障部件评价标准可用于地层，使地层也像井屏障部件中的套管或生产封隔器那样处理和评定从而保证安全，一直未达成共识。

2. 显示油气储层信息

应在示意图中标明岩性、深度、厚度、流体性质、温度、压力等储层信息，便于优选出合适的井屏障。

3. 所有井屏障部件测试验证信息

第一级、第二级井屏障中的每个井屏障部件，都应显示在表格中，并注明初始验证测试结果。以便于工程师按相关标准去核实每个井屏障部件是否满足要求。应将完整性验证的实际结果在表格中列出来。例如若进行了压力测试和水泥胶结测井（CBL），应该列出结果：压力为 30MPa，地层综合测试值为 $1.6g/m^3$，3000m 深处胶结程度为 100%。此外，井屏障部件应该能够链接到测试、监控和验证相关的表格和历史数据。

4. 所有井屏障部件相对深度

井屏障示意图上应标示各屏障部件相互间的相对深度、储层和盖层与固井水泥环和封隔器的相对位置。井屏障部件的相对位置对于完整性、稳定性以及初始安装测试后的泄漏探测等方面都至关重要。应在图上标出所有的封隔器、插管和相关设备。井屏障示意图可不按比例，但应准确绘制。

5. 井身结构相关信息

应标注各层套管及固井信息，标示出所有套管尺寸及其对应的水泥返高。包括表层套管固井信息，应该显示在示意图上，并标明尺寸。

6. 井基本信息

井屏障示意图中应包含井基本情况的各项信息。

（1）井名相关信息：油气田或构造名称、井号等。

（2）井类型信息：产油井、产气井、注水井、注气井等。

（3）井状态信息：井所处状态，比如井是否在生产运行中，是否关井，是否为了安装设备临时封堵等都应当给出明确说明。这对确定井屏障示意图是否处于有效期至关重要。

（4）文档记录相关信息：初次编制和每次修改相关的编制人、审核人、审批人、日期、编号等，确保井数据和井屏障信息的正确性并能够追踪。

7. 重要信息备注

井的历史、完整性现状、其他特殊风险均应进行标明和注释。

（1）曾改变了井屏障系统的特殊井况信息以及其他重要的井完整性信息应该在井屏障示意图专门区域中列出来。

（2）应标注井完整性制图依据资料的来源，并附上简要说明。

（3）若井屏障状况发生改变，比如检测到油管或套管泄漏，应重新绘制井屏障示意图。

（4）井屏障系统之外的井完整性信息，例如井屏障系统之外的泄漏，虽然没有改变井屏障系统，也需要进行重点说明。

二、典型井屏障示意图

井屏障示意图（WBS）是显示井及井上主要屏障部件的静态示意图，采用不同的颜色来区别一级井屏障和二级井屏障。典型生产井的井屏障示意图如图 2-5 所示。

示意图中共设有六个一级井屏障部件，八个二级井屏障部件。

（1）一级井屏障部件。

一级井屏障部件包含①地层/油气藏顶部的盖层；②尾管；③尾管外固井水泥环；④生产封隔器；⑤完井管柱（井下安全阀以下的完井管柱）；⑥地面控制井下安全阀。

（2）二级井屏障部件。

二级井屏障部件包含①地层；②套管；③套管水泥环；④套管头；⑤套管挂及密封；⑥采油四通；⑦油管头及密封；⑧采油树。

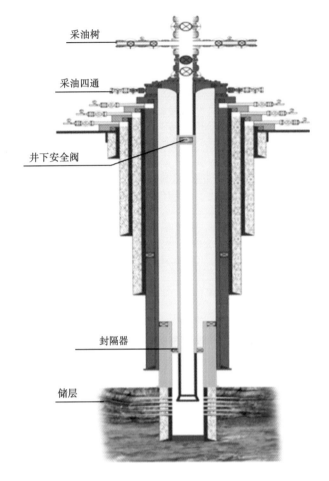

井的基本信息	
油气田名：	
井号：	
井型/井别：	
井状态：	
版本：	
日期：	
编制人：	
审核/批准人：	
井屏障部件	井屏障验证
第一井屏障	
地层	
尾管	
尾管外固井水泥	
生产封隔器	
油管	
井下安全阀	
第二井屏障	
地层	
套管	
套管外固井水泥	
套管头	
套管挂及密封	
采油四通	
油管头及密封	
采油树（主阀）	
井完整性问题	备注

图 2-5 典型生产井的井屏障示意图

第七节 井屏障的维护和监控

井屏障维护指对井屏障部件的定期压力测试、功能试验、维护和修理等，从而保持井屏障的长期可靠性。井屏障应在全生命周期中进行维护和监控。应制定相应的程序文件来规范井屏障的维护和监控活动。

需要进行维护的典型井屏障部件包括：

（1）井口、油管悬挂器和采油树，包括所有阀门、阀帽、法兰（系紧）螺栓和卡箍、油嘴、测试口、控制管线出口等；

（2）监测系统，包括仪表、传感器、出砂探测器、腐蚀探测器等；

（3）环空压力和液面高度检测器；

（4）井下阀门（地面控制井下安全阀、井下控制井下安全阀、环空安全阀和气举阀）；

（5）紧急关断系统（探测器、紧急关断系统控制盘、熔断塞）；

（6）化学品注入系统。

维护作业期间，要对设备进行检查、测试和修理，以使设备性能保持在其原始性能规范之内。可按照计划好的维护程序，以预定的程序开展维护活动。

维护作业可分为两类：

（1）预防性维护，在井的工作状况、井型和井运行环境（即海洋井、陆地井、井位于自然保护区内，或受到管理机构控制的地区）的基础上，以预定的频率进行；

（2）纠正性维护，由某种预防性维护任务引发的，进行此类维护任务时证实存在有失效问题，或是井监测期间的失效证实有某种特殊的需要。

在实施井维护工作时，必须制订出相应的预防性和纠正性维护管理系统（包括验收标准），而且必须要保存维护性活动可审计记录。

在确定时间表和测试频率时，至少应考虑如下因素：

（1）原始设备制造厂家的产品技术规范；

（2）环境和人员所面临的风险；

（3）可用的业界公认标准、惯例和指导方针；

（4）相关政策和程序。

应为泄漏和故障的调查制订文档程序，并以风险为基础，规定采取纠正性措施的时间。

在井作业和生产过程中，应对井屏障进行监控。宜使用自动控制和报警系统来协助井屏障部件的管理和监控。典型的监控方法如下：

（1）钻井液液面或体积监控；

（2）钻井期间各环空压力监控；

（3）测试、完井期间各环空压力监控；

（4）生产期间油套压力和井口温度监控；

（5）生产流体组分检测及腐蚀、冲蚀监控。

没有被连续监控的井屏障部件（如采油树阀门）都应建立一个维护保养计划。该计划应综合考虑作业风险和厂家提供的井屏障设备使用和保养要求，制定井屏障部件的检验和维护程序。

井屏障维护和监控的基本要求包括：

（1）与防止井内发生非控制流动有关的所有参数都必须进行监测；

（2）必须确定检验井屏障或井屏障部件状况的方法和检验频率，并进行记录；

（3）当液体充满井屏障时，必须始终保持对液体体积的控制，对于所有能够进入的环空都必须监测环空中的压力并进行记录；

（4）所有用于必要参数监测的仪器都必须经常进行检查和校准；

（5）必须根据风险和所需反应时间对报警器的使用、自动顺序和停机进行评估，应在设计中对人机界面进行评估；

（6）如果油井屏障的功能变弱，但是仍认为是可以接受的，这种情况应进行记录、在油井屏障示意图中加以更新并经过批准。

应制订井维护活动的时间表和频率，并制作成文档。表 2-8 为一个维护和监测矩阵实例。

当发现预防性维护或纠正性维护的频率太高或太低，而且已经获取了足够的历史数据，能够清楚地观测到变化趋势之后，可以对维护频率进行调整。

表 2-8　维护和监测矩阵实例

保证任务/井型		海上高压井	水下自喷井	陆上高压井	水下压力平衡井	陆上中压井	海上低压井	压力平衡井	观察井
井完整性维护和监测矩阵									
维护	基于时间的预防性维护频率实例（时间，mon）								
	流体润湿部件的维护和检测频率	6	6	12	12	12	12	24	48
	非流体润湿部件的维护和检测频率	12	12	24	24	24	24	48	96
监测	基于时间的预防性维护频率实例（时间，d）								
	在用井监测频率	1	1	1	7	7	7	14	30
	环空压力监测频率	1	1	7	7	7	7	14	60
	不出油井监测频率	7	7	14	30	30	30	60	90

第八节　井屏障退化与失效

井屏障退化指屏障有出现问题的迹象，但并未完全出现故障，仍然具有屏障的作用。典型井屏障退化包括：

（1）过平衡钻井过程中，钻井液严重漏失，井内难以充满钻井液；

（2）欠平衡电测过程中，润滑脂注入系统出现故障但流管内仍充满润滑脂；

（3）生产过程中，一个阀门刚好处于其允许的漏失率范围内；

（4）生产过程中，采油树阀的控制系统出现轻微泄漏，且启动此阀门所花时间可能比正常情况下要多。

如果井屏障退化（未完全失效），应建立相应的管理系统来识别退化状况，并制定削减措施，同时在井屏障示意图中记录该信息。

如果一个井屏障失效，应确保剩余井屏障能够起到密封井眼的作用。应开展井完整性评价（必要时应开展风险评估）决定是否修井或采取临时性的削减措施。

ISO 16530-2 列举了典型井屏障部件功能和主要失效模式的示例见表 2-9。

表 2-9　典型井屏障部件功能和主要失效模式示例

类型	功　能	主要失效模式（示例）
液柱	在井眼内施加一个静水压力，防止地层流体涌入或流入井内	（1）漏失进入地层； （2）地层流体流入井内
地层强度	（1）在地层未被水泥或管件隔离开来的环空处形成机械密封； （2）在油层以上形成连续的、永久的、非渗透性的液体密封； （3）油层以上的非渗透性地层，通过水泥/环空隔离材料形成密封，或者直接通过套管或衬管形成密封； （4）在油层以上形成连续的、永久的、非渗透性的液体密封	（1）地层位置发生漏失； （2）地层强度不够高，不能承受环空压力； （3）地层强度不够高，不能实现液体密封
套管	井眼中存在流体，这样流体就不会漏入其他的同心环空或进入裸露的地层	（1）在接头处出现渗漏； （2）由于腐蚀和/或侵蚀导致的渗漏； （3）接头断脱

类型	功 能	主要失效模式（示例）
井口	（1）为悬挂套管柱和油管柱提供机械支撑； （2）为立管、防喷器或采油树的连接提供机械接口； （3）防止流体从井眼及环空中流入地层或外界环境	（1）密封部件或阀门出现渗漏； （2）机械过载
深部油管 堵塞器	在油管内形成机械密封，防止流体流入油管	密封部件渗漏，内部渗漏或外部渗漏
生产封隔器	在完井油管与套管或衬管之间形成机械密封，在封隔器之上形成 A 环空，从而防止地层流体漏失进入 A 环空	（1）外部密封部件出现渗漏； （2）内部密封部件出现渗漏
地面控制的 井下安全阀	安装在生产油管柱上的安全阀装置，保持打开状态，通常是通过控制管路中的液压来使其保持打开状态。如果控制管路的液压值下降，根据设计要求，该装置将会自动关闭	（1）控制管路缺少沟通和功能控制； （2）泄漏率超过验收标准； （3）不能按照要求关闭安全阀； （4）不能在要求的关闭时间内关闭安全阀
衬管顶部 封隔器	在套管与衬管之间的环空中形成液体密封，防止流体流动并承受来自上部或下部的压力	不能保持压力密封
水下采油树	连接至海底井口的阀门及流动管道系统，该系统可控制从井内流出或流入生产系统的流体。另外，可提供至其他油井环空的流动通道	（1）漏失至外部环境； （2）泄漏率超过验收标准； （3）阀门无法工作； （4）机械损伤
地面控制的环空 井下安全阀	安装在环空内的安全阀装置，防止流体从环空流入环空翼阀	（1）控制管路缺少沟通和功能控制； （2）泄漏率超过验收标准； （3）不能按照要求关闭安全阀； （4）不能在要求的关闭时间内关闭安全阀
油管悬挂器	支撑油管的重量，防止流体从油管流入环空或从环空流入油管	（1）油管密封部件渗漏； （2）机械故障
油管悬挂器 堵塞器	（1）机械式堵塞器，可以装在油管悬挂器内，从而能够将油管隔离开来； （2）通常使用该装置来辅助安装防喷器组或维修采油树	不能保持压力，可能是内部故障或外部故障
井口/环空 入口阀	能监测压力及流入环空/从环空流出的流动	（1）不能保持压力密封，或者泄漏率超过验收标准； （2）不能关闭
套管/环空水泥	（1）水泥在井眼周围形成连续的、永久性的、非渗透性的液体密封，该水泥密封位于地层与套管/衬管之间或两柱套管柱之间。 （2）水泥为套管/衬管提供机械支撑，防止腐蚀性的地层流体流入而与套管/衬管接触	（1）注水泥的环空未被完全充满，纵向上和/或径向上； （2）水泥与套管/衬管或地层之间的胶结质量差； （3）机械强度不够高； （4）流体流入套管/衬管外的地层或套管/衬管外的地层流体流入井内

类型	功 能	主要失效模式（示例）
水泥塞	在裸眼井内或套管/衬管/油管内的连续水泥柱，形成机械密封	（1）驱替效果不好，导致与井内其他流体接触污染； （2）机械强度不够高； （3）水泥与套管或地层之间的胶结质量差
完井油管	为流体从地面流入地层或从地层流至地面提供管路通道	（1）流体漏失至环空或环空中的流体漏失至地层； （2）由于腐蚀和/或侵蚀的原因致使管壁变薄，而无法承受作用在油管上的载荷
机械式油管堵塞器	一种安装在完井油管内的机械装置，防止流体流动，并承受来自上部或下部的压力，安装在管件内及同心管件的环空内	不能保持压力密封
完井管柱组件	为完井的功能性提供支持，即带有阀门或模造物的气举或偏心工作筒、接头剖面、仪表支架、控制管路过滤短节、化学药剂注入工作筒等	（1）不能保持压差； （2）阀门的泄漏率超过验收标准
地面安全阀或紧急停机阀	根据生产系统的工作极限值，提供停机功能，将油井与生产流程或流线隔离开来	（1）漏失至外部环境； （2）阀门的泄漏率超过验收标准； （3）机械损伤； （4）在加压过程中，不能按照要求做出停机反应
地面采油树	是连接至井口的阀门及流动管道系统，可控制流体从井内流出或流入生产系统	（1）漏失至外部环境； （2）阀门的泄漏率超过验收标准； （3）阀门不能工作； （4）机械损伤

在执行井屏障部件维修和失效减缓措施前，应制定应急程序，针对最有可能发生的以及最为危急的事故（如井涌、液体漏失、修井压力控制设备发生渗漏），应描述重新建立丧失的井屏障部件或建立另一级替代的井屏障部件所需要的步骤。

如果液柱是井屏障之一或者被定义为应急井屏障，则必须在施工实施之前确定并描述压井或重新建立液体井屏障的方法。

（1）开始压井作业前，必须备好配制要求压井液量所需的足够数量的材料和液体。

（2）必须指出针对不同事故的首选压井方法（如"司钻法""工程师法""体积法"或"压回地层压井"法）。

（3）对于重新建立液体井屏障所需采用的参数，必须系统地进行记录并在"压井施工单"中进行更新。

井屏障失效引发泄漏事故通常是多个井屏障部件同时失效造成的，如图2-6所示，因此，一个井屏障出现退化或失效时，应立即制定削减措施，保证2道井屏障安全有效。

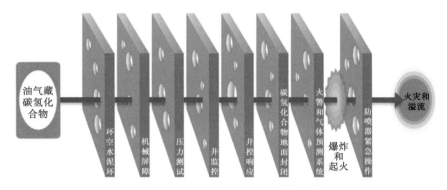

图 2-6　井屏障部件失效引发泄漏示意图

思 考 题

1. 讨论井屏障的定义和基本要求。

2. 讨论井屏障的主要分类方法及分类目的。

3. 讨论井屏障部件的定义和基本要求。

4. 讨论套管水泥环、固井管鞋作为井屏障部件的基本要求。

5. 共用井屏障的定义及注意事项。

6. 讨论井屏障的测试验证要求和典型验证方法。

7. 讨论一口井从钻井、测试、完井、生产到弃井全过程，存在的不同井屏障及井屏障部件。

8. 针对各种典型施工阶段，尝试划分井屏障示意图。

第三章 井完整性管理系统

井完整性管理指在井运行寿命周期内，为确保井完整性，而进行的各种技术、操作和管理过程的组合。井完整性管理是一个循环往复、不断改进的过程。应建立系统的方法来管理全生命周期的井完整性。

油田公司应制定一套有效的井完整性管理系统，并通过相关部分审批后执行。井完整性管理系统应适用于油田公司职责范围内的所有井，针对全生命周期内井完整性的规划、设计、检验、测试、监控、评估和井屏障修复等工作，井完整性管理系统通常包括组织架构、设计、作业、数据信息、分析等基本要素（图 3-1）。

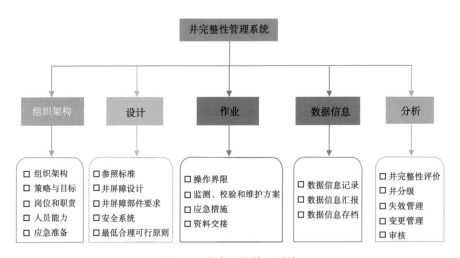

图 3-1　井完整性管理系统

第 一 节　组 织 架 构

井完整性组织架构是保证井完整性各项工作有序开展的基础，井完整性组织架构包括公司方针、岗位职责、人员配置等方面。

一、策略与目标

应依据相关法规、标准和公司发展目标，制定井完整性的方针政策和目标，以保证井完整性管理的有效实施，保护健康安全、环保、资产和公司声誉。井完整性的方针政策需经油田公司最高管理层正式签字批准。

应制定井完整性的策略，确定资源分配和预算优先级别，以支持井完整性管理目标的实现。

应制定井完整性管理程序，指明该方针政策如何得以贯彻和实施。典型的建井阶段井完整性管理流程如图 3-2 所示，典型的生产阶段井完整性管理流程如图 3-3 所示。

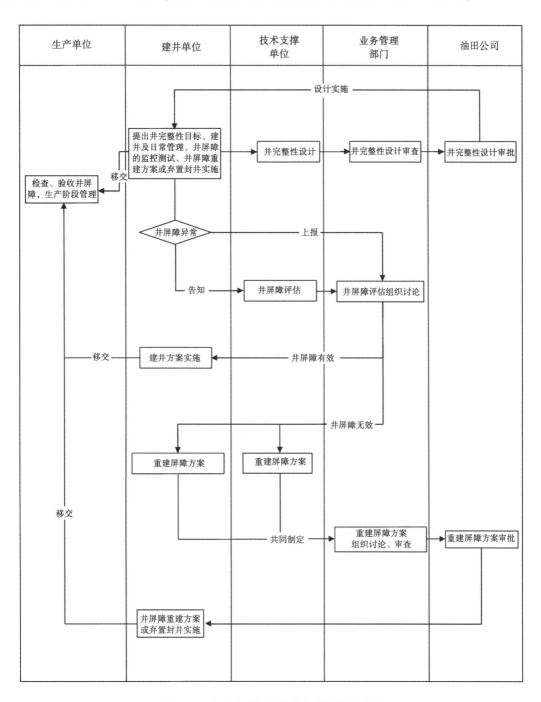

图 3-2 典型的建井阶段井完整性管理流程

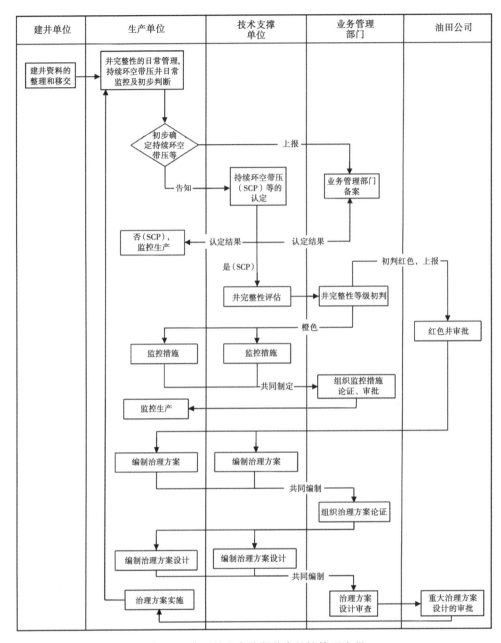

图 3-3 典型的生产阶段井完整性管理流程

二、岗位和职责

应建立井完整性管理的组织机构，明确人员岗位及每个岗位在井完整性管理中的职责和权限，相关人员的角色和责任应通过文件形式确定下来，并保证能够覆盖井各阶段的完整性管理，典型的建井阶段井完整性管理职责划分见表 3-1。

表 3-1　典型的建井阶段井完整性管理职责划分

部门	职责
油田公司	（1）制定油田建井阶段井完整性方针政策、管理策略，承诺履行井完整性管理，保护健康、安全、环境、资产和公司声誉，提供资金、人员、设备等保障满足井完整性的要求； （2）制定井完整性管理程序； （3）明确各部门关于井完整性的职责； （4）审批相关设计中的井完整性设计内容和重大方案（井屏障重建、弃置、封井等）决策； （5）重点井的关键环节的技术指导
业务管理部门	（1）组织制定油田建井阶段井完整性管理措施或办法； （2）督促、指导、检查油田建井阶段井完整性管理措施或办法的落实和考核； （3）建井阶段相关设计中井完整性设计内容的审查、审批； （4）负责施工现场技术指导； （5）组织建井阶段井屏障失效的风险评估、应急措施、井屏障重建方案的专家论证和审查； （6）组织井完整性技术及管理培训； （7）建井阶段井完整性其他相关问题的协调解决
技术支撑单位	（1）协助业务管理部门制定油田建井阶段井完整性管理措施或办法； （2）负责建井阶段相关设计中井完整性设计内容的编制； （3）负责井屏障的评估、井屏障失效分析并提出井屏障重建方案； （4）负责与井屏障相关作业新工艺新技术的评估和确认； （5）负责施工现场技术支撑； （6）协助相关部门开展井完整性技术相关培训； （7）负责建井阶段井完整性标准制修订和科研工作
建井单位	（1）负责所辖区域井建井阶段的井完整性管理，提供必要的人力、物力资源确保所辖区域井完整性管理目标的实现； （2）建井阶段井完整性设计内容的审查； （3）负责井完整性设计、风险削减措施、井屏障重建方案等组织实施； （4）负责施工现场技术指导； （5）负责建井阶段井完整性相关资料的收集整理和上报、建井资料移交； （6）确保现场相关人员（含承包商）经过井完整性培训，确保重要人员有相关资质； （7）审核承包商的作业程序和作业标准，监督相关的作业人员（如承包商、钻井液工程师、录井工程师、地质监督及其他人员）按照设计和相关规定执行其职责； （8）负责井屏障的建立、检查、测试和监控，制定建井阶段的环空监控措施，及时分析各作业阶段环空异常情况并上报； （9）负责建井阶段井完整性失效等相关应急预案的制定、演练与实施，与技术支撑单位共同制定井屏障重建方案

典型的生产阶段井完整性管理职责划分见表 3-2。

表 3-2　典型的生产阶段井完整性管理职责划分

部门	职责
油田公司	（1）制定油田生产阶段井完整性管理策略、方针政策，承诺履行井完整性管理，提供资金、人员、设备等保障满足井完整性的要求； （2）明确各部门关于井完整性的职责； （3）井完整性管理程序的审批； （4）井完整性等级为红色井和重大治理方案的审批； （5）重点井的关键环节的技术指导

部门	职　责
业务管理部门	（1）负责组织制定油田井完整性管理措施或办法； （2）负责管理、督促、检查各单位井完整性管理系统的运行状况，确保井完整性职责落实和考核； （3）负责组织隐患井的风险评估、应急措施、治理方案的专家论证和审查； （4）负责施工现场技术指导； （5）负责组织井完整性技术、管理培训及技术交流； （6）负责井完整性其他相关问题的协调解决
技术支撑单位	（1）协助业务管理部门制定油田井完整性管理和技术策略； （2）负责井屏障相关作业新技术新工艺的评估和确认工作； （3）负责施工现场技术支撑； （4）负责油田井完整性数据库的维护及数据管理； （5）负责持续环空带压、井口抬升等异常情况的判定、井完整性风险评估，制定风险削减和治理措施、监控措施； （6）在业务管理部门的组织下，负责编制实效井治理方案和设计； （7）协助开展井完整性技术相关培训； （8）负责井完整性标准制订和科研工作； （9）负责编制油田井完整性评估报告，对现场井完整性管理提供技术支撑
生产单位	（1）负责所辖区域井的完整性管理，提供必要的人力、物力资源确保所辖区域井完整性管理目标的实现； （2）负责井完整性相关数据的收集整理和上报； （3）负责环空带压、井口抬升等异常情况初步分析及上报； （4）协助技术支撑单位开展井完整性风险评估、制定风险削减和治理措施和监控措施； （5）在业务管理部门的组织下，与技术支撑单位共同编制失效井治理方案和设计； （6）负责应急预案的编制、演练与实施，风险削减措施的实施； （7）负责治理方案的实施、施工现场技术指导； （8）审核承包商的作业程序和作业标准，确保重要人员有相关资质； （9）负责现场人员的井完整性生产管理培训

三、人员能力

应明确井完整性相关人员的作用和职责，并通过文件固定下来。ISO 16530 标准提供的典型井完整性角色和职责实例见表 3-3。

表 3-3　井完整性角色及职责实例

序号	活动	油井工程	生产作业	地面工程	井完整性工程
1	井许可/油田开发规划	C	—	AR	I
2	井设计基础	C	—	AR	I
3	井详细设计	AR	—	C	I
4	建井	AR	—	C	I
5	计算并设定最大允许环空地面压力（$MAASP_S$）	R	—	AR	I
6	准备交接文件	AR	I	C	—
7	完善并验证油井状态	AR	I	C	—

48

序号	活动	油井工程	生产作业	地面工程	井完整性工程
8	按照建立的规范进行确认	C	C	AR	I
9	签收交接文件	R	A	C	I
10	确定工作压力范围计算高压报警压力（HPA）和启动压力	I	C	AR	C
11	监测井和环空	—	AR	C	—
12	管理环空压力	—	AR	C	—
13	进行井维护（预防性维护和改进性维护）	R	AR	C	C
14	开展异常调查	C	R	A	C
15	重新计算最大允许环空地面压力（MAASP$_s$）/启动压力	R	C	A	C
16	开展井完整性检查	C	C	AR	C
17	监督是否符合 WIMS（工作基础架构管理体系）要求	—	C	C	A
18	检查、维护和更新过程	I	I	I	AR
19	弃井	R	A	C	C

注：R—负责人，A—批准人，C—参与，I—通知。

人员能力要求类似于井屏障部件的性能标准。在生命周期的各个阶段需要不同的能力。油公司应确保参与井完整性管理活动的人员（员工和承包商）有能力执行分配给他们的任务，人员能力能够适应全生命周期内相应阶段的要求。ISO 16530 标准提供的典型井完整性相关人员能力要求矩阵见表 3-4。该矩阵不反映所需的全部能力范围，通常需要根据井况、工况、井周边环境、经营制度和相关法规等来制定更加严格和更加全面的人员技能矩阵，但这个矩阵是油公司根据不同需要制定更严格和更全面矩阵的基础。

表 3-4　井完整性相关人员能力要求矩阵实例

序号	活　动	现场操作员	井工程师和修井工程师	石油工程师	井完整性工程师
1	井设计和载荷工况分析	意识	技能	知识	知识
2	固井和水力学当量循环密度（ECD）建模	意识	技能	知识	意识
3	评估和井材料选择	意识	技能	知识	意识
4	按照建立的规范进行井屏障评估	意识	技能	技能	技能
5	计算并设定最大允许环空地面压力	意识	技能	技能	技能
6	监测井压力是否在工作压力范围内	技能	技能	知识	技能
7	操作井口和采油树的阀门	技能	技能	知识	技能
8	操作井下安全阀并使其压力平衡	技能	技能	知识	知识
9	测试井口和采油树的阀门	技能	技能	知识	知识
10	测试井下安全阀和地面安全阀	技能	技能	知识	技能
11	监测环空压力	技能	技能	知识	技能
12	对环空压力进行泄压和憋压	技能	技能	知识	技能
13	评估油井的工作压力范围	知识	技能	技能	技能
14	对井口和采油树的阀门进行维护并涂油脂	知识	技能	知识	知识

序号	活　　动	现场操作员	井工程师和修井工程师	石油工程师	井完整性工程师
15	维修/更换井口和采油树的阀门	意识	技能	知识	知识
16	维修更换井下安全阀	意识	技能	知识	知识
17	安装及拆卸井口堵塞器（BPV）	意识	技能	知识	知识
18	安装及拆卸井口 VR（硫化橡胶）塞	意识	技能	知识	知识
19	对阀进行上密封试验并维修阀杆的密封部件	意识	技能	知识	知识
20	保持阀门不刺不漏并泄放阀门压力	意识	技能	知识	知识
21	测试井口悬挂器的密封部件	意识	技能	知识	知识
22	给井口悬挂器的密封部件进行再次增能	意识	技能	知识	知识
23	环空试压	意识	技能	知识	技能
24	油管试压	意识	技能	知识	技能
25	安装井下隔离堵塞	意识	技能	知识	技能
26	重新计算最大允许环空地面压力	意识	知识	技能	技能
27	环空调查	意识	知识	技能	技能
28	检查进一步的使用情况（生命周期延长）	意识	知识	技能	知识
29	更换采油树	意识	技能	知识	知识
30	填写腐蚀记录	意识	技能	技能	知识
31	评估腐蚀记录	意识	知识	技能	技能
32	压井	意识	技能	技能	知识
33	评估井屏障示意图	知识	技能	技能	技能
34	风险评估和工艺偏差	知识	知识	知识	技能

油公司和承包商应保证其参与井完整性相关工作的人员（雇员和承包商人员）是称职的，足以胜任所指派的任务。油公司应通过教育培训程序、导师指导、自学和岗位培训（传授经验/技能）等方式来确保井完整性各相关人员满足能力要求。

1. 人员培训

开展人员培训能够提高人员能力、缩短人员间能力的差距，培训可以采用课堂教学、在线学习、自学或岗位培训等方式。培训课程通常应包括以下内容：

（1）公司内部井完整性管理的角色和职责，包括建井阶段和作业阶段；

（2）井眼的物理性质（地层完整性、动态压力和温度范围等）；

（3）建井原则、套管设计、完井设计和载荷工况的确定；

（4）油井交接文件的编写；

（5）针对建井和作业阶段确立双井屏障原则，包括井屏障示意图的编制；

（6）作业监督，经常性的测试、监测、维护、检查、故障检修、诊断、环空压力管理和变化监测。

井完整性培训应覆盖井完整性作业的所有相关人员，下列人员应参加培训：

（1）技术支撑人员（包括钻完井工程师、采油气工程师、HSE 人员）；

（2）现场工程师（包括钻井监督、试油监督、地质监督和甲方管理人员负责人）；

（3）现场操作人员（包括设备管理人员、生产监理、中控室操作员、现场技术员）；

（4）钻井承包商（平台经理、司钻和服务公司工程师）。

2. 经验传递

经验的传递是提高人员能力的有效手段，应对油气井施工和作业的结果与经验教训进行收集、记录，并使其能够用于今后的工作且能得到不断的改进。经验传递和报告系统应由以下几部分组成：

（1）建井施工和作业报告系统；

（2）事故和事件报告系统；

（3）不符合/偏差/变更管理；

（4）油气井/施工/作业报告的结论；

（5）用于监测风险的风险登记；

（6）针对井上发生的具体事件或问题而专门编写的报告。

四、应急准备

应制订一个事故应急处理计划，并建立相应的事故应急组织来处理特定的紧急状况和事故，在培训和作业过程中均应经常检测应急处理能力。

第二节　设　　计

油气井设计是建立目标、检验目标并且对所优选的技术方案进行书面记录的一系列过程。要求优化的技术方案符合各种要求并且确保井在寿命周期内发生危险的概率可接受，油气井设计通常基于以下目的：

（1）打一口新井；

（2）现有井的变更、修改或优化（如从探井转为生产井、从生产井转为注入井或者从注入井转为生产井）；

（3）改变油气井的设计基础或假设前提（如井寿命延长、承压压力增大、流动介质改变）。

所有的组件在设计时都必须能够承受所有计划内的和/或预测到的载荷和应力，包括在可能发生的井控情况下出现的载荷和应力。

设计过程应针对油气井的整个寿命周期，包括从建井到永久弃井的各个阶段，并考虑到材料性能的退化影响。

必须明确设计依据和设计附加条件并进行记录。

必须识别出与设计有关的薄弱环节和操作极限值并进行记录。

油井设计应能够满足以下要求：

（1）能够应对设计依据的变更和不确定性；

（2）能够在不导致严重后果的情况下处理变更和故障；

（3）能够应对可以预测到的作业状况；

（4）针对整个油气井使用周期内的作业进行设计，包括永久性封井和弃井；

（5）油气井设计应经过设计检验和操作检验。

一、参照标准

井完整性对油气井设计的要求不仅能承受载荷，并且需考虑油气井整个寿命周期内可能的损坏和老化。设计要求以成熟的技术标准作为设计基准，成熟的技术标准可以从工业认证标准（API、ISO、SY 等）、国家标准（GB、NORSOK 等）、公司的内部标准和供应商的内部标准等几个来源中得到。

二、井屏障设计

井屏障设计基本要求为阻止意外的流体流入、浅层的地层窜流和流体流入外界环境，以防止突发事件阻碍油气井的正常生产运行，并确保一个井屏障发生失效不会引发井喷。

进行井屏障设计过程中应确保能够进行井屏障动态监测。只要确保持续有效监控，就可以随时了解井屏障的状况。

井屏障间可能存在着很多的相互联系。如果存在共用井屏障部件，应开展风险评估，并采取降低风险的措施或者调节风险的措施来减小风险。

三、井屏障部件要求

井屏障部件是确保井完整性的井屏障组成部分。井屏障部件需要经过设计、验证、安装等过程后承受施加到其上面的所有载荷，同时需保证在油气井整个寿命周期内均能有效工作。

需要通过选用合适的井屏障部件来承受施加在部件上的载荷和环境因素引起的损伤。

四、安全系统

油气井应该有独立的安全系统（如 PSD 系统和紧急关井系统），安全系统可以阻止已发生的灾害和事故进一步扩大，而且可以减小事故造成的后果。

应该安装紧急关闭阀，在发生紧急情况时可以切断油气和化学物质同外界的联系，并且可以对失火区域进行隔离。

五、最低合理可行原则

油气井设计完成且井屏障部件准备就绪后，接下来应该按照最低合理可行原则进行作业。应将此原则应用到建井、采油气作业、维护和修理和封井并弃井等几项油气井技术方案中。

第三节　作　　业

井完整性相关作业应标准化和规范化，通过减少误操作来降低井完整性问题发生概率。

一、操作界限

针对各作业工序制定操作界限，以确保井处于其设计限制条件和井屏障部件性能标准以内，以便在整个井生命周期内保持良好的完整性。作为井完整性管理系统的一部分，应针对每种井类型建立井操作界限。井配置、状态、生命周期阶段的任何变化都需要检查和更新操作界限。

对油气井进行各项操作前，应明确以下内容：

（1）明确建立、维护、审查和批准作业界限的权限；

（2）在井建造、运行、关闭或暂停期间，应明确监测和记录每个井的作业极限参数的方法；

（3）明确井操作界限的任何界限值设置要求；

（4）明确在井参数接近其定义的操作界限时的应对措施；

（5）明确井参数超出操作界限时需要采取的措施、报告和调查要求；

（6）明确为防止超出作业极限而需要的安全系统。

采油方式、注水方式和操作参数均应满足钻完井设计的要求。操作的限定条件可以是温度、压力、流体速度或者多个限定条件。另外在这些限定条件以外还可以考虑腐蚀性物质（如 CO_2、H_2S、O_2）、出砂、结垢、水合物等的影响。

应制定出停止各项操作的标准、规范。应提前建立安全系统超载、断开、损坏等情况发生时的操作限定条件。若井参数或作业参数超出了预计值范围，应对油气井的设计进行检验。

二、监测、校验和维护方案

井屏障部件按照规范设计、安装并验证后，在后续作业和生产过程中应通过监测井的相关参数来掌握井屏障的状况。以确保在井的整个寿命周期内井屏障的完整性，当井屏障受到损害时应重新建立或者修理井屏障。井屏障的维修程序以关键设备为基础，影响井屏障完整性的风险因素应受到监测。

三、应急措施

应制定紧急事件应急措施来防止危险和灾害的发生，紧急事件应急措施通常根据危害和预测分析的结果来建立，紧急事件应急措施应包括特定事故灾害（如井喷和井屏障失效等）处理的详细描述。

井控措施也应在井整个寿命周期内的所有阶段执行。如果井屏障失效，应重新建立井屏障，可以通过立即停钻或者钻救援井来重新控制油气井。

四、资料交接

当一口井从一个部门移交给另一个部门时，通常需要使用资料交接程序，在井资料交接程序中应明确需要交接的井资料信息及交接方式。资料交接程序通常包括交接验收的组织形式、程序和交接验收内容等。

以下过程应进行资料交接：

（1）从钻井移交至测试（或完井）；

（2）从测试（或完井）移交至生产；

（3）从生产移交至修井（或其他作业），然后再移交至生产；

（4）从生产移交至弃置。

1. 组织形式和程序

以设计、合同等有关文件作为交接验收的依据。

主管部门负责牵头组织，由具有相关资质的人员负责准备、审查和接收井的交接文件。交接双方相关人员参与现场设备的检查、验收和交接，并进行签字确认。

2. 交接文件

在井全生命周期内的不同阶段，应建立所需交接资料的档案，确保资料的可追踪性和完整性，至少包含以下交接信息和文件：

（1）井的基本信息；

（2）钻井资料；

（3）测试完井资料；

（4）井完整性信息；

（5）操作条件；

（6）其他。

3. 现场检查

交接双方相关人员应参与现场检查，通常包括以下几个方面：

（1）设备按工艺设计要求安装齐全、牢固；

（2）安装的设备技术规格符合设计要求；

（3）确认各环空压力是否正常；

（4）井场现场平整整洁，场内无废料、杂物，环境保护符合合同要求。

第四节　数 据 信 息

在井的整个生命周期中，应保存与井设计、施工、运行、维护和永久性弃置有关的数据，便于井完整性相关人员获取井完整性和井屏障部件状态信息，从而按照井完整性管理系统的要求实施相关维护、测试、检测、修理和替换作业。

井完整性数据信息记录和存取前需要明确以下内容：

（1）需要记录和存储的井信息；

（2）负责数据收集和文件管理的人员；

（3）要保留记录的时间段。

一、数据信息记录

应明确某口井必须保存的数据信息。通常情况下，此类信息包括，但不局限于如下内容：

（1）井屏障部件技术规格；

（2）井运行范围信息；

（3）井状态（即处于开发、关井、弃井状态）；

（4）井移交文件；

（5）所实施的诊断测试；

（6）生产/注入信息；

（7）环空压力监测；

（8）流体分析；

（9）维护、修理和更换活动（原始设备制造厂家可追溯性）。

井完整性数据记录应包含每口井的完整性状态数据库，其目的是针对所有井形成清晰的官方井完整性资料。其他任何与井完整性信息相关的数据库应当与本数据库连接在一起，从而避免不同的解释以及数据误差。

二、数据信息汇报

应制订井完整性数据信息报告的基本要求，以有效反映井完整性管理系统及其所有要素的应用情况。

通常情况下，井完整性数据信息报告基本要求应包括：

（1）按照预先规定的间隔定期发布报告（即月度、季度或年度报告），以反映井完整性现状、操作和问题解决情况；

（2）预先制定好的关键绩效指标审核报告；

（3）井完整性事件的详细报告；

（4）井完整性管理不符合项及调查情况报告；

（5）井完整性管理系统审核报告。

必要时，应按照当地立法机构要求，向政府部门或管理机构汇报。

井完整性管理系统应规范所有此类报告的范围、接收人和反馈要求，报告所涵盖的主题通常包括，但不局限于以下几个方面：

（1）典型井评估；

（2）井限制条件的改变；

（3）井功能的改变；

（4）井流体成分的改变；

（5）井硬件的改变或可能的老化；

（6）变更管理；

（7）井偏差；

（8）井屏障；

（9）井完整性问题；

（10）结垢或腐蚀等问题；

（11）井屏障硬件的磨损破坏、事故破坏和老化等情况；

（12）屏障或密封破坏；

（13）与环境相关的变化；

（14）相关法规、标准和规范的变更；

（15）可实施的技术进步情况；

（16）设备/材料的运行范围变化，即最新版的设备生产厂家公告或工业标准；

（17）井屏障部件的维护和更换，从阀部件到成套设备的修理和替换情况；

（18）相关设备维护信息，以提高设备技术规范、可靠性和/或预防性维护间隔；

（19）井操作界限的改变；

（20）风险认定的更新。

三、数据信息存档

与井完整性相关的数据信息需要文件化并存档，典型井完整性数据信息管理要求见

表 3-5:

表 3-5　井完整性记录要求

序号	记录内容	保存期限	备注
1	套管和油管的设计载荷工况	直到井的永久弃置	记录设计考虑的载荷工况和使用的安全系数
2	井屏障部件的技术规格和材料证书	该井屏障部件的使用期	如井口、套管、尾管、油管、封隔器等
3	井屏障部件的试压记录	该井屏障部件的使用期	包括工厂试压，现场安装测试，作业和生产过程中的定期压力试验等
4	井完整性测试记录	直到井的永久弃置	如水泥胶结测试、油管和套管磨损检测等
5	环空压力记录	直到井的永久弃置	用于环空压力管理和分析
6	井屏障示意图	直到井的永久弃置	井屏障示意图需要实时更新
7	井控演习记录	1 年	用于统计分析
8	检验和维护保养记录	直到井的永久弃置	用于统计分析
9	井的永久弃置方案和文件	无限期	应包含弃井设计、施工记录、测试记录和相关图件
10	井交接文件	直到井的永久弃置	

第五节　分　　析

分析工作是利用已有的数据对风险进行识别和量化，以确保油气井各项活动的正常有序开展。井完整性分析是开展管理系统、计划工作、工作流程、预防性维护、作业和 HSE 工作等优化和维护的基础。

当检测到异常情况时，相关责任部门应采取缓解措施并评价措施的效果。在缓解措施实施和异常状况参数改善情况的评价过程中，应考虑最低合理可行原则。通常需结合其他设备和参数的影响来开展考虑累计影响的油气井风险评估。

当分析报告显示的风险水平上升时，应将信息汇报给相关责任部门，并及时更新井风险等级。

一、井完整性评价

井完整性评价是根据维护、测试和监控结果以及日常操作中发现的故障来开展的综合性评价，确定井屏障是否满足要求，或制定相应的井屏障部件维修和失效减缓措施，以确保井作业和生产安全。井完整性评价通常包括以下内容：

（1）井屏障退化或失效原因的诊断分析；

（2）存在缺陷的井屏障可使用性评估；

（3）数据统计和趋势分析。

根据井完整性评价结果，针对不同的井屏障部件制定相应的维修和失效减缓措施。通常包括以下工作：

（1）编写维修与失效减缓技术方案；

（2）组织专家对技术方案进行评审；

（3）实施具体维修改造工作；

（4）工作任务的完工验收；

（5）更新相关文档记录。

二、井完整性分级

井完整性分级是国际范围内一种常见的完整性分析方法，井完整性分级可以作为屏障退化或失效后续跟踪和应对措施方案制定的重要依据。此外，井完整性分级也可为资源分配和可接受行动方案的建立提供一个统一的系统方法。

井完整性分级方法是一种定性的分析方法，可对井屏障状态进行快速的筛选分析。但是井的分级不能代替风险分析，因为井的分级没有考虑井失效的后果，对于关键井，应开展进一步的详细分析。

1. 基本原则

以所有油气井在整个生命周期内都应该有两道井屏障为井完整性分级的基础。

建立井屏障分类评价系统是减小油气井不可控泄漏风险发生的一种有效手段。分类评估能够反映油气井风险状况，但该分类系统不能代替油气井风险评估。例如，对于两口都只剩一级屏障系统的井，一口为高产气井而另一口为注水井，这两口井可能被分到不同的风险等级中，而井完整性分级结果是一样的，通常需要对高风险级别井开展进一步深层次的评估。部分油公司考虑的实际操作需要，结合风险评估来确定井完整性风险等级，并在此基础上制定下步措施方案。

通常采用绿色、黄色、橙色和红色4种颜色来表示4种风险等级，这种颜色等级划分与很多操作和规则系统上的等级划分方法类似，主要目的是便于理解。绿色和黄色表示符合相关标准并符合两道井屏障准则，黄色用来表示井完整性具有潜在异常风险的井。橙色和红色表示井完整性存在问题的井，通常情况下，这类井在开展下步作业和施工前必须进行进一步的诊断、分析和风险评估。红色用来表示一级井屏障系统已经失效且第二级井屏障明显退化或失效的井。

井完整性分级反映的是井当前状况。如果一口井实施了下桥塞、关井、修井等作业，其风险分级情况会发生变化。井状况发生改变后，应及时更新井完整性分级结果。

2. 井分级所需数据

由于井所处阶段、复杂程度以及各种异常状况的不同，对一口井进行分级评价必需的基本信息通常存在很大差异。

一般情况下，对一口井进行分级至少需要以下信息：

（1）井型以及井作业和维护情况的相关信息；

（2）井屏障示意图；

（3）详细的井身结构参数，包括测试的或预测的地层强度；

（4）设计压力、测试压力和压力界限；

（5）操作界限；

（6）流动压力和温度，关井压力和温度；

（7）油管和环空流体的类型；

（8）环空压力和压力变化趋势；

（9）井维护和预防性测试结果；

（10）井的偏差和异常情况。

当油气井发生异常状况时，类别划分需要的信息就更多，根据异常情况的严重性和复杂性，需要开展进一步的评估工作，以便能够进行更加合理的分级。

对一口发生了异常情况的油气井进行分级时，除了需要上面列出的常规信息外，至少需要补充以下信息：

（1）泄漏速率；

（2）泄漏或冲蚀的位置；

（3）泄漏方向；

（4）泄漏原因、泄漏潜在的扩大趋势；

（5）失效机理、速率及影响；

（6）侵入环空的流体类型、体积或质量；

（7）可能的缓解方法或控制措施；

（8）井屏障部件的状况以及可以承担井屏障部件作用的潜在部件；

（9）异常状况导致的井控限制；

（10）异常情况下的载荷变化及其影响。

3. OLF117 井分级准则

挪威井完整性协会 OLF117 标准针对生产井提出了一套分级原则，该分级准则被国内外各油气田广泛应用。该分级准则按照井屏障的完整性进行筛选分析，提供井现状的总体概貌，将分为 4 个等级，分别用红色、橙色、黄色、绿色来表示。红色和橙色井，一般表示井发生泄漏失效的概率较高，应进一步分析或进行维修。对于绿色和黄色井，其失效可能性较低，可以继续监控生产。表 3-6 给出了井的分级要求和相应的行动策略。

表 3-6　井的分级

类型	原　　　则	行　　　动
红色	一个屏障失效，另外一个屏障退化或没有验证，或者已经泄漏至地面	立即开展维修或风险降低措施作业，立即开展详细的风险评估
橙色	一个屏障失效，另外一个屏障完好，或者单个失效会导致泄漏至地面	计划开展风险评估，计划开展维修或风险降低措施作业，加强对屏障完整性的监控
黄色	一个屏障退化，另外一个屏障完好	加强对屏障完整性的监控
绿色	健康井——没有或微小问题	最低监管

采用 OLF117 井分级准则在开展井分级时，需要注意以下几个方面：

（1）应清晰定义井屏障退化和完全失效及其区别；

（2）如有共用屏障部件，则该井至少应定义为橙色井；

（3）应识别单个失效对两道屏障的威胁，如结蜡可能导致井下安全阀和采油树阀门同时失效不能完全关闭；

（4）对于部分屏障部件，应确认其是否有冗余设备可代替其功能；

（5）在建造过程中没有进行验证测试的屏障，应考虑为未验证的屏障；

（6）在生产过程中未进行定期测试的屏障部件，应考虑为未验证的屏障。

1）绿色井

绿色井：绿色井是指井屏障没有任何问题或具有微小问题，并且所有井屏障部件均符合相关要求，井屏障部件的数量也符合要求，且井屏障部件按照要求进行设计、测试和监控。

井的状况良好，无泄漏或者泄漏非常小。绿色风险等级的井潜在危险较少，可以与一口完全按照设计准则设计的新井相提并论。这并不意味着这口井历史上没有发生失效或泄漏，也不能说明这口井的井屏障部件满足了井完整性的所有要求，而是说这口井满足了两级井屏障的要求。一口被划分为绿色风险等级的井不需要立即采取缓解风险或维修措施（可作为已执行或已完成措施的补充）。

绿色划分条件见表3-7，若有持续环空压力，满足如下条件也可划为该类井：

（1）两级屏障均没有泄漏；

（2）环空无天然气；

（3）环空压力低于最高允许压力；

（4）泄漏速率可接受。

表3-7　绿色井划分条件

井屏障	状态
井下安全阀	泄漏速率可接受
采气树闸阀和环空安全阀	泄漏速率可接受
油管挂及内部密封	不泄漏
完井管柱及套管柱	不泄漏
生产封隔器	不泄漏

可能有泄漏或失效历史，但已采用减缓或修复措施，目前处于健康状态的井，也可划分为绿色井。绿色井不需要采取任何立即修复措施或立即减缓措施。

绿色井的典型实例包括：

（1）井下安全阀以上油管泄漏至环空；

（2）环空持续带压，但是未探测到油气，并且也没有屏障失效；

（3）生产封隔器以上没有固井或者固井水泥不足，但是该处的非渗透性地层有足够的强度，并且地层和套管间的密封性已得到验证；

（4）气举井没有安装环空安全阀或者阀失效，但是能够定期测试气举阀以验证其良好状态；

（5）油管挂伸长颈密封失效，泄漏速率在可接受范围内，且密封之间的圈闭空间能够承受泄漏导致的压力。

2）黄色井

黄色井：一级屏障不合格，二级屏障完好。黄色井指目前一个屏障降级，另一个屏障完整的井。黄色风险等级的井潜在风险具有逐渐增加的趋势，与一口完全按照设计准则设计的类似新井相比，这类井的安全风险不可忽略。虽然这类井具有逐渐升级的风险，但其状况仍在可接受的范围之内。

需要特别指出的是，即使一口井没有发生泄漏或失效，并且其井屏障部件满足井完整性基本要求，但存在对两级屏障系统构成威胁的因素，或者说两级屏障系统存在失效风险，那么这口井应被划分到黄色类别。

黄色井划分条件见表3-8，若有持续环空压力，满足如下条件也可划为该类井：

（1）两级屏障均没有泄漏；

（2）环空充满天然气；

（3）环空压力在控制条件下低于最高允许压力；

（4）泄漏速率可接受。

表 3-8　绿色井划分条件

井屏障	状态
井下安全阀	泄漏速率可接受
采气树闸阀和环空安全阀	泄漏速率可接受
油管挂及内部密封	泄漏速率可接受
完井管柱及套管柱	泄漏速率可接受
生产封隔器	泄漏速率可接受

尽管井没有任何泄漏历史，屏障部件也满足所有可接受准则，但是如果存在同时威胁 2 个井屏障和导致 2 个井屏障都失效的风险，井的分级可能是黄色。

黄色井发生泄漏概率不可忽略。黄色井的典型例子如下：

（1）屏障部件（如油管或者套管）泄漏，但泄漏率在可接受准则内；

（2）浅层气造成油气进入环空；

（3）固井质量未达到可接收准则，但是有足够的地层强度；

（4）采油树阀门泄漏超过了可接受准则，但是采取了适当的补偿措施。

3）橙色井

橙色井：一级屏障失效且二级屏障完好，或者任何一级屏障失效就可能导致泄漏发生。橙色井一般是不满足完整性要求的井，在投入运营前，需进行修复和（或）采取减缓措施。橙色井仍有一个屏障是完整的，通常不需要采取立即和紧急措施。划分到橙色类别的井比一口完全按照设计准则设计的类似新井具有更大的安全风险。

橙色井划分条件见表 3-9。

表 3-9　橙色井划分条件

井屏障	状态
井下安全阀	泄漏速率不可接受
采气树闸阀和环空安全阀	泄漏速率不可接受
油管挂及内部密封	泄漏速率不可接受
完井管柱及套管柱	泄漏速率不可接受
生产封隔器	泄漏速率不可接受

如果有一个以上的井屏障部件出现了上表中给出的状况，并且这些屏障部件都在同一个井屏障系统中（比如井下安全阀和完井管柱都在初级井屏障系统中），那么这口井可被划分到橙色类别。

如果一口井的套管压力稳定，但井筒流体向环空中的泄漏速率不可接受，那么该井将被划分到橙色类别。如果一口井的环空压力超出了许可值且井筒流体向环空的泄漏速率也超出了许可值，则应参考红色井的划分要求来进行风险等级划分。

橙色井发生泄漏的概率不可忽略。橙色井的典型例子如下：

（1）地层间的窜流（除非设计允许）；

（2）采油树失效，没有补偿措施；

（3）井下安全阀失效；

（4）套管挂和（或）井口泄漏超过了泄漏可接收准则，造成了油管泄漏到环空；

（5）套管固井质量未达到可接收准则，地层强度也不足；

（6）环空间连通。

4）红色井

红色井：一级屏障失效且二级屏障不合格或泄漏失控，即一个屏障失效另一个屏障降级/未被验证过，或者已经泄漏至地面。红色井是不满足井完整性要求的井，需要立即修复。被划分为红色类别的井比按照各种设计准则设计的同类新井都具有更大的危险性。被划分为红色类在投入正常运行之前，通常需要立即采取维修或缓解措施。

将油气井划分为红色类别的条件为：在一个井屏障系统中至少有一个屏障部件出现橙色井中描述的情况，同时，在其他井屏障系统中至少有一个屏障部件出现黄色井或橙色井中描述的情况。例如：完井管柱的泄漏速率超出了许可范围，套管的泄漏也超出了许可范围。再例如：井下安全阀的泄漏超出了许可范围，同时采油树闸阀的泄漏也超出了许可范围。

对于一口套管压力稳定的井，如果环空的泄漏速率超出了许可值，则该井应划分到橙色类别；如果环空压力超出了许可值，环空的泄漏速率也超出了许可值，那么该井应划分到红色类别。

红色井的典型例子如下：

（1）泄漏到地面，井喷；

（2）层间窜流并有可能泄漏到地面；

（3）油管或套管泄漏，另一个屏障开始腐蚀；

（4）环空带压超过定义的压力上限，而且泄漏率超过了可接受准则。

三、失效管理

应按照井屏障部件性能标准、相关法规或工业标准，制定出一套井屏障部件失效风险的管理程序。该程序应以仍能发挥作用的井屏障或屏障部件为基础，明确失效的应对方案。

可根据失效井屏障部件的危害程度，对井完整性失效风险进行评估，根据风险等级制定维修优先权（响应时间）。确定井完整性失效的维修优先权时应充分考虑井型、风险、失效井屏障部件数量、维修方法等因素。

应通过分析井潜在的失效模式，在此基础上确定各失效模式的响应时间，保证井完整性相关技术和管理人员明确井潜在失效形式，并保证失效评估过程及失效的应对措施实施有足够的响应时间。

井失效模型通常采用矩阵来描述，确定各种常见的井失效模式相应的应对措施和响应时间，通过对设备、零配件、资源和合同进行有效管理，以满足井失效模型中规定的响应时间要求。ISO 16530-2《生产阶段的井完整性》提供的井失效模型矩阵实例见表3-10，井失效模型构建通常包括以下步骤。

（1）确定典型的失效模式，对地面失效和井下失效的情况都应考虑到。此类失效模式可以用列表格式或图解形式制作成文件。

（2）完成失效模式列表后，根据每一种确定的失效模式所需的资源和责任划分来确定相应时间。对于同时发生的多个失效情况，考虑增加其响应时间，因为两种失效同时发生的组合后果，通常要比分别发生两次失效的后果要严重得多。

（3）要为每个应对措施分配对失效做出反应的风险评估时间。并应明确在此期间是否允许对井实施开井、关井或暂停作业。

表 3-10 井失效模型矩阵实例

井完整性井失效模式/应对措施									
失效部件/井型		海上高压井	水下自喷井	陆上高压井	水下压力平衡井	陆上中压井	海上低压井	压力平衡井	观察井
可用于采取应对措施的时间	流体接触部件失效实例　单个失效　响应频率（时间，mon）								
	采油树主阀门	1	3	3	3	3	3	6	12
	流量阀	3	3	6	6	6	6	12	24
	井下安全阀	1	3	3	3	3	3	无	无
	生产封隔器	6	6	12	12	12	12	无	无
	气举阀	3	3	6	6	6	6	12	24
	油管	6	6	12	12	12	12	24	48
	流体部件失效实例　多个失效　响应频率（时间，mon）								
	采油树主阀门+井下安全阀	0	0	1	2	2	3	无	无
	采油树流翼阀+主阀门	1	0	2	3	3	4	6	12
	流体不直接接触部件失效实例　多个失效　响应频率（时间，mon）								
	环空侧面出口阀门	3	3	6	6	6	9	12	12
	环空与环空之间泄漏	6	6	6	6	12	12	12	12
	稳定的环空压力	1	1	1	1	1	1	2	2
	流体不直接接触部件失效实例　多个失效　响应频率（时间，mon）								
	稳定的套管压力+环空阀门	1	1	1	1	2	2	3	3
	环空泄漏+稳定的环空压力	1	1	1	1	2	2	6	6
	流体接触和不直接接触部件综合失效　响应频率（时间，mon）								
	生产油管+套管泄漏	1	1	1	1	2	4	6	6
	主阀门+环空阀门	2	2	2	2	3	6	9	9
	稳定的技术套管环空压力+油管泄漏	1	1	2	2	3	3	6	6

四、变更管理

应建立涵盖井全生命周期的变更管理程序。设备、操作和组织结构发生变更时均应进行变更管理，变更管理程序应包括风险评估、风险削减措施、审批和文件记录更新等要求。以下情况通常需要建立变更管理程序：

（1）地面设备和井控设备的改变；

（2）井屏障示意图的改变；

（3）井类型的改变（如从生产井改为注水井）；

（4）操作程序的改变；

（5）关键岗位人员的变化；

（6）设计基础或操作条件的变化。

变更管理程序通常包括下列程序步骤：

（1）证实变更的必要性；

（2）明确变更的影响，包括变更会对何种标准、程序、工作惯例、工艺系统、图纸等造成影响。

（3）按照风险评估程序，确定合适的风险评估方法进行评估，此风险评估通常包括：

①通过风险评估矩阵或其他方式，明确风险等级的变化；

②明确降低风险的附加预防措施和风险消减方法；

③明确实施变更/偏离程序后的剩余风险。

（4）按照风险容忍度建立变更验收标准，对变更剩余风险进行评审：

①按照相关管理要求，提交变更管理方案以供评审和审批；

②对获审批的变更管理进行传达和记录；

③实施获审批的变更管理；

④在获审批的变更管理达到有效期时，对变更管理程序的撤销或延期申请报告进行评审和审批。

如果变更是永久性的，则在执行变更时，就已结束变更管理程序。ISO 16530-2《生产阶段的井完整性》推荐的典型变更管理流程如图3-4所示。

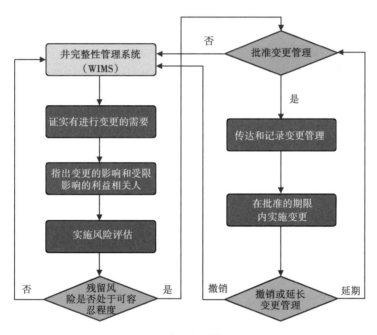

图3-4　典型变更管理流程

五、审核

应建立井完整性管理系统的审核流程来评估井完整性管理系统应用情况。井完整性审核的主要目的为：

（1）评估井完整性管理系统的实施情况；

（2）评估井完整性管理系统流程是否按照系统中规定的政策、程序和标准严格执行的；

（3）指出井完整性管理系统中的改进空间。

可根据井屏障技术要求和相关检查要求来制定井完整性审核依据，具体要求包括：

（1）审核的对象是井完整性管理系统的每个要素，应根据相关规定和具体管理现状制定审核周期；

（2）每项审核都应有明确的职权范围，重点是测试井完整性管理系统的一致性和实现井完整性管理系统目标的有效性；

（3）应提前规范审核目标、范围和执行标准等审核依据，并制定井完整性管理的关键绩效指标；

（4）审核组应独立于被审核方执行审核工作；

（5）审核后应编制审核报告，审核报告应指出井完整性管理系统中各环节的现状，审核报告还应明确指出井完整性管理系统的改进方向和改进措施；

（6）井完整性管理团队应审查审核建议，并制订后续改进措施的开展计划。

应确定完整性审核的关键绩效指标和频率，以便对井完整性管理系统的有效性进行追溯。典型关键绩效指标包括：

（1）井异常现象的数量（相对于总井数而言）与时间、累计产量或注入量的对比情况（可对每一种异常现象类型进行追溯）；

（2）平均失效时间（可对每一种异常现象类型进行追溯）；

（3）解决井异常现象所花费的时间［可对每一种异常现象类型和（或）风险等级进行追溯］；

（4）修理、更换、放弃的平均时间［可对每一种异常现象类型和（或）风险等级进行追溯］；

（5）获证实的与井完整性管理系统不符合项（即在符合性审计、井评审和认证过程中所发现的不符合现象）数量相对于总井数的情况；

（6）在偏离设计情况下运行的井数量百分比与时间的对比；

（7）执行了预防性（或纠正性任务）和腐蚀性监测计划的井与总井存量的百分比；

（8）完井、生产井、关闭井和暂停井的总数与处于井完整性管理系统管控之下的总井数对比；

（9）按照降级标准运行的井数量；

（10）井失效相对于井存量的百分比；

（11）环空压力异常井与井存量的百分比；

（12）与监测计划不符合的井与井存量的百分比；

（13）井完整性管理绩效与计划的检测情况，已完成的检查和测量工作与计划情况的对比；

（14）以完成的修理和大修情况与计划情况的对比；

（15）相关关键性岗位的人员配备和称职程度；

（16）各种失效模式的潜在原因及占总失效模式的百分比。

思 考 题

1. 讨论井完整性管理系统通常包括哪些要素，并讨论各要素间的相互关系。

2. 从井完整性的角度讨论油气井建井和生产相关的各岗位人员能力要求。

3. 讨论井完整性交接信息基本要求。

4. 讨论 OLF117 井完整性分级方法，列举出几个典型问题井，并尝试对问题井划分完整性等级。

第四章 井完整性风险评估

井完整性风险评估目的是通过对可能的失效模式或实际风险进行评估，结合已经发生的异常情况，对井完整性风险的量级进行评定，从而为下步设计、作业等提供依据。在井全生命周期内的各重要节点均应开展完整性相关风险的识别和评价，重点针对井屏障失效和井控事故的风险开展评估。

通过采用风险评估技术对井潜在风险进行评估，从而明确：（1）会发生什么不良事件；（2）发生这些不良事件的概率多大；（3）怎样弥补不良事件造成的后果。风险评估要考虑可能对人身、财产以及环境造成的危害，通过风险评估明确所以潜在风险发生的概率及危害，从而确定干预措施。

第一节 风险评估考虑因素

井完整性风险评估过程中通常应考虑井位、井内流体、外部环境和备用井屏障部件等因素。

一、井位

井位的考虑主要体现在以下几个方面：

（1）井地理位置，如陆地井、海洋井、位于市区内的井、偏远井；

（2）井类型，如平台、水下、有人值守或无人值守井；

（3）井密度，如单井、多口井组成的井组。

通常应重点考虑以下因素。

（1）对井附近的人员的影响，任何异常情况对井附近工作人员的健康和安全影响，异常情况造成井屏障失效后的潜在影响。

（2）对井附近的环境的影响，任何异常情况造成井屏障失效后的潜在环境影响。

（3）对井附近的其他井和基础设施的影响，任何异常情况造成井屏障失效后，对其他井和基础设施的潜在影响。

（4）对邻井或基础设施造成的综合风险进行评估，还应对其自身的井屏障损害形式进行评估。

（5）某种异常情况造成井屏障失效后的社会影响，不仅应考虑对健康、安全和环境造成的影响，还应考虑经济影响。

（6）对进入井能力的影响：

①对井的状况进行监控；

②对井进行维护；

③对井实施修理作业。

（7）进入井邻近区域以减轻潜在井完整性破坏影响的能力。

（8）必要时，还应考虑钻救援井的能力和时间。

二、井内流体

井内流体的考虑分为两个方面：

（1）井内流体的能量，即流体的自喷能力，这直接关系到井完整性破坏后相关后果的严重程度；

（2）井内流体组分，包括其对井屏障的影响和井完整性破坏时其排放后对健康、安全、环境和社会风险造成的潜在影响。

井内流体能量方面应考虑以下几方面因素：

（1）流出物的潜在来源和泄漏途径（油管、环空、控制管线、气举阀）；

（2）流出介质（油气藏内流体、有限体积的气举天然气等介质）；

（3）其他屏障部件破坏；

（4）流量；

（5）体积；

（6）压力；

（7）温度；

（8）井能够维持流动状态的期限；

（9）邻井对其产生的影响，如相邻的注入井会对开发井产生持续性油气藏压力支持，以增强其流动能力。

井内流体组分方面应考虑以下因素：

（1）酸性物质；

（2）腐蚀性物质；

（3）有毒物质；

（4）致癌物成分；

（5）可燃性或爆炸性物质；

（6）窒息性物质；

（7）两种物质之间的相容性；

（8）形成乳化物、积垢、蜡和水合物沉积。

三、外部环境

当井屏障暴露到与井的生产层或注入层无关的外部环境中时，也会受到潜在井完整性风险的影响。

通常应考虑下列影响因素：

（1）暴露在大气环境中的导管、表层套管和井口等部件的外部腐蚀；

（2）暴露在海洋环境中的导管、表层套管和井口等部件的外部腐蚀；

（3）暴露在井下腐蚀性流体中的套管柱外部腐蚀；

（4）在周期性负荷作用下，井屏障硬件疲劳破坏的情况；

（5）井的周期性负荷和/或热负荷，对井周围的土壤强度和土壤对井屏障硬件支撑能力的影响；

（6）与地层运动有关的外部负荷；

（7）与掉落物件相关的机械冲击作用；

（8）与碰撞相关的机械冲击作用。

四、备用井屏障部件

若油气井设计有备用井屏障或备用井屏障部件，当现有井屏障或井屏障部件失效时，能够建立新的井屏障来保证井的安全可控，从而能够有效降低井安全风险。

进行风险评估时，应充分考虑备用井屏障或备用井屏障部件的影响，通常应考虑以下因素：

（1）备用井屏障（部件）能在何种程度上不依附受损害的系统，进行独立操作；

（2）备用井屏障（部件）的响应时间；

（3）相对于会受到损害的系统，备用井屏障（部件）的设计服务条件；

（4）备用井屏障（部件）实现功能的方式，即是采用人工操作方式，还是自动操作方式。

第二节 风 险 识 别

风险识别是风险评估的基础，也是各阶段井完整性设计和施工的重要前提，ISO 16530-2 标准提供的典型风险识别清单见表 4-1。

表 4-1 典型风险识别清单

外部腐蚀	含水层窜流
油层 H_2S	油层到油层隔离
油层 CO_2	油层压力状态
常压腐蚀—圆井露水	出砂/侵略性流体侵蚀
地层压实—机械应力	产水—腐蚀
套管油层温度效应	通过环空流体的环空腐蚀
影响固井作业的地层损失	油管/套管腐蚀
结蜡和积垢	水合物生成
环空中超过最大允许环空地面压力的热膨胀	过载、井口装置沉降
油层不确定性	住所附近井位
可能浅层气	电潜泵涡流
固井失效	振动可能性
地层流体腐蚀性	自然发生放射性物质可能性
套管磨损	差地层顶部隔离

井生命周期的风险识别是井完整性设计、施工和管理的基础，风险的识别、描述和评估是贯穿井全生命周期，通过风险识别和评估确定井所有潜在风险，在各阶段采取针对性的措施来将各类风险控制在可接受范围内。并对识别出的风险进行记录，为后续设计和作业提供参考。典型风险记录实例见表 4-2。

表 4-2　典型风险记录实例

编号	危险	风险描述		现存的安全防护	削减前的风险		风险削减控制				削减控制后的风险		风险状态	备注
		原因	后果		概率	后果	措施	状态	负责人	到期日	概率	后果		
1	油管向环空泄漏	注水水质超标引起的腐蚀	井第一屏障失效	持续监控注水水质	低	主体	重新评估材料规格，确定注水水质的运行范围	计划实施	井工程师	××年××月××日	极低	主体	打开	
2														
3														

表 4-2 中表头各标题项的具体说明见表 4-3。

表 4-3　风险记录表头说明

表 4-2 中的项	说　　明
编号	每个风险元素应有一个独一无二的识别号
危险	一个包含负面影响风险增加的事件、环境或情况。它的描述应短而贴切，例如：套管泄漏，冲蚀等
风险描述原因	可能导致危险发生的原因/导火索的描述
风险描述后果	如果危险发生的后果描述，也就是危险发生可能造成的影响
现存安全防护	计划或已实施的用于阻止危险发生的措施或屏障（技术的或结构的）
削减前的风险概率	将现存安全防护考虑进去的后果发生概率。概率由风险评估矩阵中的预定种类选出
削减前的风险后果	将现存安全防护考虑进去的后果发生的表示。这影响由风险评估矩阵中的预定种类选出
风险削减控制措施	将风险后果或概率降低的措施。对每种风险，应考虑所有可能将其降低到现存安全防护可控范围内的削减措施。每个措施应根据最低适当可用最低合理可行原则（ALARP）原则进行评估
风险削减控制状态	控制措施的状态。应对控制措施的执行情况进行描述
风险削减控制负责人	指定每个控制措施给一个负责人
风险削减控制到期日	指定每种控制措施的期限，这个期限就是此措施的执行截止日期
削减控制后的风险概率	将现存安全防护和计划的控制措施的效果考虑进去后，后果发生概率。概率由风险评估矩阵中的预定种类选出
削减控制后的风险后果	将现存安全防护和所有计划的控制措施的效果考虑进去后，后果发生的表示。这影响由风险评估矩阵中的预定种类选出
风险状态	风险管理的状态应被描述。无论何时，当一个风险是关闭的或不再相关，推荐将其状态切换为关闭。这将有助于风险管理
备注	任何与记录或沟通有关的信息，可以加入此栏。

第三节 风险评估技术

风险评估技术通过对可能的失效模式或实际风险进行评估，或对所发现的异常情况进行评估的基础上，对井完整性风险的量级进行评估。

一、风险评估过程

对特定的井完整性问题进行评估时，可以视情况采用不同的评估技术。典型的风险评估过程包括如下步骤：

（1）识别井完整性异常情况；

（2）评估此异常情况是否会对井失效相关事件造成潜在的风险，或者会引发更多的能造成此类风险的异常情况；

（3）评估各种风险的后果和可能性；

（4）以事件后果和可能性综合影响为基础，确定各种井失效相关事件的风险等级（等于后果和可能性的乘积）；

（5）对消减或降低各种风险的潜在措施进行评估；

（6）在实施风险消减措施后，对各种风险的后果、可能性和等级进行重新评估，应优先使用风险评估矩阵；

（7）对各种剩余风险（即采取风险消减/降低措施之后的风险等级）进行评估，以确定这些剩余风险是否在保证井处于可运行状态的可接受范围之内。

一般情况下，可以通过绘制风险评估矩阵，对各种井失效相关事件进行评估（图 4-1 所示为某个"5×5"风险评估矩阵实例），以风险后果和可能性为基础对风险进行分类和排序。

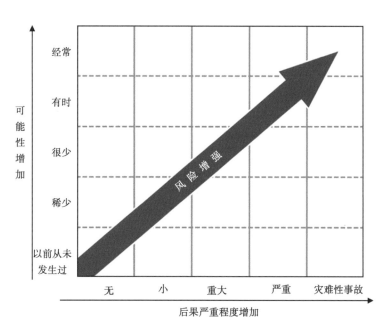

图 4-1 风险评估矩阵实例

风险评估过程中应明确以下两点：

（1）在风险评估矩阵轴线上，为事件后果的等级/定义（严重程度）和发生事件的可能性（概率）选择恰当的类别（图4-1反映了某个简单的分类实例），事件后果和（或）可能性的等级越高，所反映的风险等级也越高（更高的风险等级）；

（2）风险评估矩阵内部风险区域（块状区）的正确等级/定义。

二、风险评估方法选择

风险评估通常应遵循以下原则：先开展定性分析评估或半定量评估，再针对风险井开展全量化评估或专项评估。图4-2所示为典型的风险评估方法的选择原则。

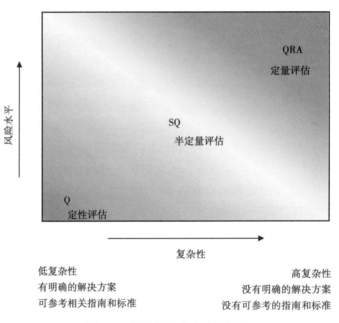

图4-2 风险评估方法选择原则

应建立明确的风险准则和决策依据，并基于风险评估的结果来制定井完整性管理的相关活动规划及其优先顺序。

针对不同阶段典型的井完整性风险评估方法见表4-4。如果发生井屏障退化或失效，风险评估还应着重考虑以下方面：

表4-4 井完整性风险评估方法

阶段	危险源识别	故障模式、影响及危害性分析	井分级	定量风险分析
设计准备	√	√		√
钻井作业	√			√
测试作业	√			√
完井作业	√			√
生产	√	√	√	√
弃置作业	√			√

（1）井屏障退化或失效的原因；

（2）该退化或失效继续恶化的可能性；

（3）第一井屏障的可靠性和失效方式；

（4）第二井屏障的可用性和可靠性；

（5）恢复或更换的计划。

表4-4为推荐的评估方法，也可以根据井的实际情况采用其他适用的方法，各种井完整性分析方法的适用阶段和主要目的。三个常用风险评估方法及其应用条件如下：

1. 危险源识别（HAZID）

HAZID分析贯穿于井的全生命周期，是定性的分析方法。其主要目的是系统识别井的危险源并初步分析其风险；

HAZID分析应定期开展和更新，HAZID分析后应形成或更新风险记录；

针对高风险的危害，可采用定量或半定量方法进行专项分析。

2. 故障模式、影响及危害性分析（FMECA）

FMECA应在井的规划设计阶段开展，其主要目的是分析井屏障失效模式、影响及危害性。通过FMECA，针对关键的井屏障部件制定其性能标准和相应的验证计划，建立并维持其完整性；

开展FMECA可对井屏障部件的重要程度进行排序，依据风险等级，制订井屏障部件在役阶段的检验、测试、维护和监控计划。

3. 定量风险分析（QRA）

QRA主要是针对定性分析中的中/高风险井而开展的进一步详细分析，对失效的可能性和失效的后果进一步量化，在充分认识风险的基础上，为风险决策提供依据。

选择风险评估方法时，应考虑以下因素：

（1）评估数据的可获得性；

（2）评估人员对于各种评估方法的熟悉程度；

（3）评估目标和用途。

三、典型风险评估方法

1. 安全检查表法

安全检查表（Safety Check List）法是系统安全工程的一种最基础、最简便、广泛应用的系统安全分析方法。目前，安全检查表不仅可以用于查找系统中各种潜在的事故隐患，还可对各检查项目和系统进行赋分评级。

1）安全检查表编制的依据

编制检查表的主要依据有：

（1）有关的法规、标准和操作规程等；

（2）国内外的事故案例；

（3）本单位的经验、教训；

（4）其他分析方法的结果。

2）安全检查表编制的步骤

要编制一个符合客观实际、能全面识别、分析系统危险性的安全检查表，首先要建立一个编制小组，其成员应包括熟悉系统各方面的人员。同时还要经过以下几个步骤：

（1）熟悉系统：包括系统的结构、功能、工艺流程、主要设备、布置和操作条件；

（2）搜集资料：搜集有关的安全法规、标准、制度及本系统过去发生事故的资料，作为编制安全检查表的依据；

（3）划分单元：按功能或结构将系统划分成子系统或单元，逐个分析潜在的危险因素；

（4）编制检查表：针对危险因素、依据有关法规、标准规定，参考过去事故的教训和本单位的经验确定安全检查表的检查要点、内容和为达到安全指标应在设计中采取的措施，然后按照一定的要求编制检查表；

（5）修改完善检查表：检查表编制实施一段时间后，应根据实际情况予以完善、修改。

3）编制和使用安全检查表应注意的问题

为了使检查表既能全面查出危险隐患因素，又便于操作，达到预期效果，在编制和使用时应当注意以下几个方面：

（1）检查内容尽可能系统、完整，不漏掉任何可能导致事故发生的关键因素，还应突出重点，抓住要素；

（2）对重点危险部位应单独编制检查表，凡能导致事故的一切危险因素都应列出，确保隐患及时发现和清除，不至于酿成事故；

（3）每一项检查要点，要定义明确，便于操作；

（4）实施安全检查表时应落实检查人员，并在检查完毕时签字；

（5）对查出的问题要及时反馈到有关部门、人员并要落实整改措施，做到责任明确。

2. 预先危险性分析法

预先危险性分析（PHA）是进行某项工程活动（包括设计、施工、生产、维修等）之前，对系统存在的各种危险因素（类别、分布）出现条件和事故可能造成的后果进行宏观、概率分析的系统安全分析方法。其目的是早期发现系统的潜在危险，确定系统的危险性等级，提出相应的防范措施，防止这些危险因素发展为事故，避免考虑不周所造成的损失。预先危险性分析是一种应用范围较广的定性分析方法。它是由具有丰富知识和实践经验的工程技术人员、操作人员和安全管理人员经过分析、讨论实施的。

在进行危险性预分析之前，首先应该明确进行分析的系统，进行系统界定；再将复杂的系统分解成比较简单的容易认识的事物，然后就可以根据收集的资料和分析人员的衡量，采用一定的方法对系统进行风险辨识，找出风险影响因素。危险性预分析的具体步骤如下。

（1）确定系统：明确所分析的系统，并且界定系统的功能和分析范围。

（2）调查收集资料：调查生产目的、工艺过程、操作条件和周围环境。

（3）系统功能分解：一个系统是由若干个功能不同的子系统组成的，同样子系统也是由功能不同的子系统或部件、元件组成，为了便于分析，按系统工程的原理，将系统进行功能分解，并给出功能框图，表示它们之间的输入、输出关系。

（4）分析识别危险性：确定危险类型、危险来源、初始伤害及其造成的风险性，对潜在的危险点要仔细判定。

（5）识别风险影响因素：在分析、识别危险性的基础上，找出具体的危险因素，即风险影响因素，区别主次，从而建立合理的风险评价指标体系。

（6）制定防范措施：在识别风险因素的基础上，针对具体的危险事故采取对应的防范措施。

3. 故障模式、影响和危害性分析法

1）故障模式和影响分析

故障模式和影响分析（Failure Model and Effects Analysis，简称 FMEA）是对系统各组成部分、元件进行分析的重要方法。系统的子系统或元件在运行过程中会发生故障，而且往往可能发生不同类型的故障。例如，电气开关可能发生接触不良或接点粘连等类型故障。不同类型的故障对系统的影响是不同的。这种分析方法首先找出系统中各子系统及元件可能发生的故障及其类型，查明各种类型故障对邻近子系统或元件的影响以及最终对系统的影响，以及提出消除或控制这些影响的措施。

故障模式和影响分析是一种系统安全分析归纳方法。早期的故障模式和影响分析只能做定性分析，后来在分析中包括了故障发生难易程度的评价或发生的概率。从而把它与致命度分析（Critical Analysis）结合起来，构成故障模式和影响、危害性分析（Failure Modes Effects and Criticality Analysis，简称 FMECA）。这样，若确定了每个元件的故障发生概率，就可以确定设备、系统或装置的故障发生概率，从而定量地描述故障的影响。

故障模式和影响分析通常包括以下 4 方面：

（1）掌握和了解对象系统；

（2）对系统元件的故障模式和产生原因进行分析；

（3）故障模式对系统和元件的影响；

（4）汇总结果和提出改正措施。

2）故障模式和影响、危害性分析

把故障模式和影响分析从定性分析发展到定量分析，则形成了故障模式和影响、危害性分析 FMECA。

故障模式和影响、危害性分析包括两个方面的分析：

（1）故障模式和影响分析；

（2）危害性分析。

危害性分析的目的在于评价每种故障模式的危险程度。通常采用概率—严重度来评价故障模式的危害性。概率是指故障模式发生的概率，严重度是指故障后果的严重程度。采用该方法进行危害性分析时，通常把概率和严重度分别划分为若干等级。

4. 事件树分析法

事件树分析是一种从原因推论结果的系统安全分析方法，它按事故发展的时间顺序由初始事件出发，按每一事件的后继事件只能取完全对立的两种状态（成功或失败、正常或故障、安全或事故等）之一的原则，逐步向事故方面发展，直至分析出可能发生的事故或故障为止，从而展示事故或故障发生的原因和条件。通过事件树分析，可以看出系统的变化过程，从而查明系统可能发生的事故和找出预防事故发生的途径。事件树分析的具体步骤如下。

（1）确定初始事件：初始事件可以是系统或设备的故障、人员的失误或工艺参数偏移等可能导致事故发生的事件。确定初始事件一般依靠分析人员的经验和有关运行、故障、事故统计资料来确定；对于新开发系统或复杂，往往先应用其他分析评价方法，再用事件树分析方法做进一步的重点分析。

（2）判定安全功能：系统中包括许多能 消除、预防、减弱初始事件影响的安全功能（安全装置、操作人员的操作等）。常见的安全功能有自动控制装置、报警系统、安全装置、

屏蔽装置和操作人员采取措施等。

（3）发展事件树：从初始事件开始，自左至右发展事件树。首先把初始事件一旦发生时起作用的安全功能状态画在上面的分支，不能发挥安全功能的状态画在下面的分支。然后依次考虑每种安全功能分支的两种状态，把发挥功能（正常或成功）的状态画在次级分支的下面分支，层层分解直至系统发生事故或故障为止。

（4）简化事件树：简化事件树是在发展事件树的过程中，将与初始事件、事故无关的安全功能和安全功能不协调、矛盾的情况省略、删除，达到简化分析的目的。

（5）分析事件树：找出事故连锁和最小割集——事件树各分支代表初始事件一旦发生后其可能的发展途径，其中导致系统事故的途径即为事故连锁。一般导致系统事故的途径有很多，即有很多事故连锁。事故连锁包含的初始事件和安全功能故障的后继事件构成了事件树的最小割集（导致事故发生的最小集合）。事故树中包含多少事故连锁，就有多少最小割集，最小割集越多，系统越不安全。

（6）找出预防事故的途径：事件树中最终达到安全的途径指导我们如何采取措施预防事故发生。在达到安全的途径中，安全功能发挥作用的事件构成事件树的最小割集（保证事件不发生的事故的最小集合）。一般事件树中包含多个最小径集，即可以通过若干途径防止事故发生。由于事件树表现了事件间的时间顺序，所以应尽可能地从最先发挥作用的安全功能着手。

5. 事故树分析法

事故树分析又称故障树分析，是一种演绎的系统安全分析方法。它是从要分析的特定事故或故障开始，基层分析其发生原因，一直分析到不能再分解为止；将特定的事故和各层原因（危险因素）之间用逻辑门符号连接起来，得到形象、见解地表达其逻辑关系的逻辑树图形，即事故树。通过对事故树简化、计算达到分析、评价的目的。事故树分析方法可用于复杂系统和范围广阔的各类系统的可靠性及安全性分析、各种生产实践的安全管理可靠性分析和伤亡事故分析。

1）事故树分析的特点

事故树分析方法具有以下特点：

（1）能详细查明系统各种固有、潜在的危险因素或事故原因，为改进安全设计、制定安全技术对策、采取安全管理措施和事故分析提供依据；

（2）可以用于定性分析，求出各危险因素对事故影响的大小，也可用于定量分析；

（3）由各危险因素的概率计算出事故发生的概率，从数量上说明能否满足预定目标值的要求，从而明确采取对策措施的重点和轻、重、缓、急顺序；

（4）分析人员必须非常熟悉对象系统，具有丰富的实践经验，能准确熟练地应用分析方法，往往会出现不同分析人员编制的事故树和分析结果不同的现象；

（5）复杂系统的事故树往往很庞大，分析、计算的工作量大。有时，其定量分析连一般计算机都难胜任；

（6）进行定量计算时，必须知道事故树中各事件的故障率数据。若这些数据不准确，定量分析就不可能进行。

2）事故树分析的基本步骤

下面列出了事故树分析方法的基本步骤。

（1）确定分析对象系统和要分析的各对象事件。

（2）通过经验分析、事件树分析、以及故障类型分析确定顶上事件（何时、何地、何类）；明确对象系统的边界、分析深度、初始条件、前提条件和不考虑条件，熟悉系统、收集相关资料（工艺、设备、操作、环境、事故等方面的情况和资料）。

（3）确定系统事故发生概率、事故损失的安全目标值。

（4）调查原因事件：调查与事故有关的所有直接原因和各类因素。

（5）编制事故树：从顶上事件起，一级一级往下找出所有原因事件至最基本的原因事件为止，按其逻辑关系画出事故树，每一个顶上事件对应一株事故树。

（6）定性分析：按事故树结构进行简化，求出最小割集和最小径集，确定各基本事件的结构重要度。

（7）定量分析：找出各基本事件的发生概率，计算出顶上事件的发生概率，求出概率重要度和临界重要度。

（8）结论：当事故发生概率超过预定目标值时，从最小割集着手研究降低事故发生概率的所有可能方案，利用最小径集找出消除事故的最佳方案；通过重要度分析确定采取对策措施的重点和先后顺序；从而得到分析、评价的结论。

具体分析时，要根据分析的目的、人力物力的条件、分析人员的能力选择上述步骤的全部或部分内容实施分析、评价。对事故树规模很大的复杂系统进行分析时，可应用事故树分析软件包，利用计算机进行定性、定量分析。

6. 作业条件危险性评价法

作业条件危险性评价法又称格雷厄姆—金尼法，对于一个具有潜在危险性的作业条件，该方法认为影响危险性的主要因素有 3 个：

（1）发生事故或危险事件的可能性；

（2）暴露于这种危险环境的情况；

（3）事故一旦发生可能产生的后果，用公式来表示为 $D = LEC$，式中，D 为作业条件的危险性；L 为事故或危险事件发生的可能性；E 为暴露于危险环境的频率；C 为发生事故或危险事件的可能结果。

1）发生事故或危险事件的可能性

事故或危险事件发生的可能性与其实际发生的概率相关。若用概率来表示时，绝对不可能发生的概率为 0；而必然发生的事件其概率为 1。但在考察一个系统的危险性时，绝对不可能发生事故是不确切的，即概率为 0 的情况不确切。所以，将实际上不可能发生的情况作为"打分"的参考点，定其分数值为 0.1。

此外，在实际生产条件中，事故或危险事件发生的可能性范围非常广泛，因而人为地将完全出乎意料、极少可能发生的情况规定为 1；能预料将来某个时候会发生事故的分值规定为 10；在这两者之间再根据可能性的大小相应地确定几个中间值，如将"不常见，但仍然可能"的分值定为 3，"相当可能发生"的分值规定为 6。同样，在 0.1 与 1 之间也插入了与某种可能性对应的分值。于是，将事故或危险事件发生可能性的分值从实际上不可能的事件为 0.1，经过完全意外有极少可能的分值 1，确定到完全会被预料到的分值 10 为止。

2）暴露于危险环境的频率

众所周知，作业人员暴露于危险作业条件的次数越多、时间越长，则受到伤害的可能性也就越大。为此，该方法规定了连续出现在潜在危险环境的暴露频率分值为 10，一年仅出现几次非常稀少的暴露频率分值为 1。以 10 和 1 为参考点，再在其区间根据在潜在危险作业条件中暴露情况进行划分，并对应地确定其分值。例如，每月暴露一次的分定为 2，每周一次或偶然暴露的分值为 3。当然，根本不暴露的分值应为 0，但这种情况实际上是不存在的，是没有意义的，因此无须列出。

3）发生事故或危险事件的可能结果

造成事故或危险事故的人身伤害或物质损失可在很大范围内变化，以工伤事故而言，可以从轻微伤害到许多人死亡，其范围非常宽广。因此，需要救护的轻微伤害的可能结果规定为 1，以此为一个基准点；而将造成许多人死亡的可能结果规定为分值 100，作为另一个参考点。在两个参考点 1 和 100 之间，插入相应的中间值，列出可能结果的分值。

4）危险性

确定了上述 3 个具有潜在危险性的作业条件的分值，并按公式进行计算，即可得危险性分值。据此，要确定其危险性程度时，则按下述标准进行评定。

由经验可知，危险性分值在 20 以下的环境属低危险性，一般可以被人们接受，这样的危险性比骑自行车通过拥挤的马路去上班之类的日常生活活动的危险性还要低。当危险性分值在 20~70 时，则需要加以注意；危险性分值 70~160 的情况时，则有明显的危险，需要采取措施进行整改；同样，根据经验，当危险性分值在 160~320 的作业条件属高度危险的作业条件，必须立即采取措施进行整改。危险性分值在 320 分以上时，则表示该作业条件极其危险，应该立即停止作业直到作业条件得到改善为止。

作业条件危险性评价法评价人们在某种具有潜在危险的作业环境中进行作业的危险程度，该法简单易行，危险程度的级别划分比较清楚、醒目。由于它主要是根据经验来确定 3 个因素的分数值及划定危险程度等级，具有一定的局限性。而且它是一种作业的局部评价，不能普遍适用。此外，在具体应用时，还可根据自己的经验、具体情况对该评价方法作适当修正。

7. 层次分析法

层次分析法（Analytic Hierarchy Process，简写为 AHP）是对一些较为复杂、较为模糊的问题做出决策的简易方法，它特别适用于那些难以完全定量分析的问题。它是美国运筹学 T. L. Saaty 教授于 20 世纪 70 年代初期提出的一种简便、灵活而又实用的多准则决策方法。

人们在进行社会的、经济的以及科学管理领域问题的系统分析中，面临的常常是一个由相互关联、相互制约的众多因素构成的复杂而往往缺少定量数据的系统。层次分析法为这类问题的决策和排序提供了一种新的、简洁而实用的建模方法。

运用层次分析法建模，大体上可按下面 4 个步骤进行。

1）建立递阶层次结构模型

应用 AHP 分析决策问题时，首先要把问题条理化、层次化，构造出一个有层次的结构模型。在这个模型下，复杂问题被分解为元素的组成部分。这些元素又按其属性及关系形成若干层次。上一层次的元素作为准则对下一层次有关元素起支配作用。这些层次可以分为 3 类。

（1）最高层：这一层次中只有一个元素，一般它是分析问题的预定目标或理想结果，因此也称为目标层；

（2）中间层：这一层次中包含了为实现目标所涉及的中间环节，它可以由若干个层次组成，包括所需考虑的准则、子准则，因此也称为准则层；

（3）最底层：这一层次包括了为实现目标可供选择的各种措施、决策方案等，因此也称为措施层或方案层。

递阶层次结构中的层次数与问题的复杂程度及需要分析的详尽程度有关，一般地层次数不受限制。每一层次中各元素所支配的元素一般不要超过 9 个。这是因为支配的元素过多会给两两比较判断带来困难。

2）构造出各层次中的所有判断矩阵

层次结构反映了因素之间的关系，但准则层中的各准则在目标衡量中的占比并不一定相同，在决策者的心目中，它们各占有一定的比例。在确定影响某因素的诸因子在该因素中的占比时，遇到的主要困难是这些占比常常不易定量化。此外，当影响某因素的因子较多时，直接考虑各因子对该因素有多大程度的影响时，常常会因考虑不周全、顾此失彼而使决策者提出与他实际认为的重要性程度不相一致的数据，甚至有可能提出一组隐含矛盾的数据。Saaty 等人建议可以采取对因子进行两两比较建成对比较矩阵的办法。

3）层次单排序及一致性检验

判断矩阵 A 对应于最大特征值 λ_{max} 的特征向量 W，经归一化后即为同一层次相应因素对于上一层次某因素相对重要性的排序权值，这一过程称为层次单排序。

4）层次总排序及一致性检验

上面得到的是一组元素对其上一层中某元素的权重向量。最终要得到各元素，特别是最低层中各方案对于目标的排序权重，从而进行方案选择。总排序权重要自上而下地将单准则下的权重进行合成。

对层次总排序也需作一致性检验，像层次总排序那样由高层到低层逐层进行。这是因为虽然各层次均已经过层次单排序的一致性检验，各层次对比较判断矩阵都已具有较为满意的一致性。但当综合考察时，各层次的非一致性仍有可能积累起来，引起最终分析结果较严重的非一致性。

8. 模糊综合评价法

模糊综合评判方法是把模糊数学应用于判别事物和系统优劣领域的方法。根据给出的评价指标标准和实测值，经过模糊变换后对事物或系统做出综合评判。模糊综合评判方法一般可分六个步骤。

（1）建立评价因素集：评价因素集是影响评判对象的各种因素所组成的一个普通集合。

（2）建立权重集：一般来说，各个因素的重要程度是不一样的。对重要的因素自然应当十分重视，对不太重要的因素，也应当列入考虑范围之内。为了正确的反映各个因素的重要程度，对各个因素应赋予一个相应的权数。

（3）建立评价集：评价集是评判者对评判对象做出的各种可能的评判结果所组成的集合。

（4）单因素模糊评判：单独从一个因素出发进行评判，以确定评判对象对评价集元素的隶属度，称为单因素模糊评判。

（5）模糊综合评判：单因素模糊评判只反映一个因素对评判对象的影响，但要综合考虑所有因素的影响，进而得出正确的评判结果，还需要模糊综合评判。

（6）评判指标的处理：得到评判指标之后，可根据最大隶属度法、加权平均法、模糊分布法等方法来确定评判对象的具体结果。

9. 风险矩阵法

风险矩阵法（Risk Matrix）是一种能够把危险发生的可能性和伤害的严重程度综合评估风险大小的定性的风险评估分析方法。它是一种风险可视化的工具，主要用于风险评估领域。风险矩阵法常用一个二维的表格对风险进行半定性的分析，其优点是操作简便快捷，因此得到较为广泛的应用。

1）使用方法

（1）危害识别：列出需要评估的危险状态。

（2）危害判定：根据规定的定义为每个危险状态选择一个危险等级。

（3）伤害估计：对应每个识别的危险状态，估计其发生的可能性。

（4）风险评估：根据步骤（2）和步骤（3）的结果，在矩阵图上找到对应的交点，得出风险结论。

2）危险等级判定

非常严重：导致灾难性的伤害。该类伤害可导致死亡、身体残疾等。

严重：会导致不可逆转的伤害（如疤痕等），这种伤害需要在急诊室治疗或住院治疗。该类伤害对人体将造成较严重的负面影响。

一般：在门诊对伤害进行处理即可。该类伤害对人体造成的影响一般。

微弱：可在家里对伤害自行处理，不需就医治疗，但对人体造成某种程度的不舒适感。该类伤害对人体的影响较轻。

3）伤害发生可能性

（1）伤害事件发生的可能性极大，在任何情况下都会重复出现。

（2）经常发生伤害事件。

（3）有一定的伤害事件发生可能性，不属于小概率事件。

（4）有一定的伤害事件发生可能性，属于小概率事件。

（5）会发生少数伤害事件，但可能性极小。

（6）不会发生，但在极少数特定情况下可能发生。

项目风险是指某些不利事件对项目目标产生负面影响的可能性和可能遭受的损失。在风险矩阵中，风险是指采用的技术和工程过程不能满足项目需要的概率。风险矩阵方法主要考察项目需求与技术可能两个方面，以此为基础来分析辨识项目是否存在风险。一旦识别出项目风险（风险集）之后，风险矩阵下一步要分析的是评估风险对项目的潜在影响，计算风险发生的概率，根据预定标准评定风险等级，然后实施计划管理或降低风险。

风险矩阵通常在项目组织中由一体化产品风险管理小组来完成，其成员应包括项目管理办公室的人员和熟悉项目所涉及技术问题的专家组成。他们一起完成对项目风险的识别和风险对项目影响的概率评估。评估结果输入项目风险矩阵的分析应用软件，或记录在项目技术报告的相应栏目中。

四、典型风险评估方法对比分析

上文介绍的9种典型的典型风险评估，分别具有各种的优缺点和适用范围，这9种风险评估方法的对比见表4-5。

表 4-5　典型风险评估方法对比表

评价方法	评价目标	定性/定量	方法特点	适用范围	优缺点
（1）安全检查表	危险有害因素分析安全等级	定性定量	按事先编制的有标准要求的检查表逐项检查按规定赋分标准赋分评定安全等级	各类系统的设计、验收、运行、管理、事故调查	简便、易于掌握、编制检查表难度及工作量大
（2）预先危险性分析（PHA）	危险有害因素分析危险性等级	定性	讨论分析系统存在的危险、有害因素、触发条件、事故类型，评定危险性等级	各类系统设计，施工、生产、维修前的概略分析和评价	简便易行，受分析评价人员主观因素影响
（3）故障模式和影响危险性分析（FMECA）	故障原因故障等级危险指数	定性定量	由元素故障概率，系统重大故障概率计算系统危险性指数	机械电气系统、局部工艺过程、事故分析	较复杂、精确
（4）事件树（ETA）	事故原因触发条件事故概率	定性定量	归纳法，由初始事件判断系统事故原因及条件内各事件概率计算系统事故概率	各类局部工艺过程、生产设备、装置事故分析	简便、易行，受分析评价人员主观因素影响
（5）事故树（FTA）	事故原因事故概率	定性定量	演绎法，由事故和基本事件逻辑推断事故原因，由基本事件概率计算事故概率	宇航、核电、工艺、设备等复杂系统事故分析	复杂、工作量大、精确。事故树编制有误易失真
（6）作业条件危险性评价	危险性等级	定性半定量	按规定对系统的事故发生可能性、人员暴露状况、危险程序赋分，计算后评定危险性等级	各类生产作业条件	简便、实用，受分析评价人员主观因素影响
（7）层次分析	危险性等级	定性定量	先将人们的经验和判断通过两两比较方式确定各层次中诸因素的相对重要性，然后综合人的判断以决定决策诸因素相对重要性总的顺序	各类行业	简便、实用有效，受分析评价人员主观因素影响
（8）模糊综合评价	安全等级	半定量	利用模糊矩阵运算的科学方法，对于多个子系统和多因素进行综合评价	各类生产作业条件	简便、实用，受分析评价人员主观因素影响
（9）风险矩阵	危险性等级	定性定量	综合考虑了待评价事件发生某种风险的可能性和待评价事件发生风险后果的严重程度	采矿、设备维护与更新等	简单易用

以上 9 种风险评估方法为较常见的方法，实际风险评估方法远不止以上 9 种，并且开展风险评估过程中通常是多种方法的综合应用，从而实现各风险评估方法的优劣势互补。ISO1630-1 对典型风险评估技术适用性的总结见表 4-6。

表 4-6　典型风险评估技术的适用性

技　　术	风险评估方法				
	风险识别	风险分析			风险评估
		后果	概率	风险水平	
集体研讨	SA	NA	NA	NA	NA
结构或半结构面谈	SA	NA	NA	NA	NA
特尔斐	SA	NA	NA	NA	NA
检查表	SA	NA	NA	NA	NA
初次危险分析	SA	NA	NA	NA	NA
危险和操作性学习（HAZOP）	SA	SA	A	A	A
危险分析和临界控制点（HACCP）	SA	SA	NA	NA	NA
环境风险评估	SA	SA	SA	SA	SA
结构假设分析技术（SWIFT）	SA	SA	SA	SA	SA
方案分析	SA	SA	A	A	A
商业影响分析	NA	SA	SA	SA	SA
根本原因分析	NA	SA	SA	SA	SA
失效模式影响分析	SA	SA	SA	SA	SA
故障树分析	A	NA	SA	A	A
事故树分析	A	SA	A	A	NA
原因和后果分析	A	SA	SA	A	A
原因和影响分析	SA	SA	NA	NA	NA
保护分析层（LOPA）	A	SA	A	A	NA
决策树	NA	SA	SA	A	A
人的可靠性分析	SA	SA	SA	SA	A
蝴蝶结分析	NA	A	SA	SA	A
可靠性集中维护	SA	SA	SA	SA	SA
蛇形闭环分析	A	NA	NA	NA	NA
马尔可夫分析	A	SA	NA	NA	NA
蒙特卡洛模拟	NA	NA	NA	NA	SA
贝叶斯统计和贝叶斯网络	NA	SA	NA	NA	SA
函数曲线	A	SA	SA	A	SA
风险目录	A	SA	SA	SA	A
后果/概率矩阵	SA	SA	SA	SA	A
花费/利益分析	A	SA	A	A	A
多标准决策分析（MCDA）	A	SA	A	SA	A

注：SA—非常适用；NA—不适用；A—一般适用。

80

第四节 风险的缓解

利用风险等级（在实施任何降低风险措施之前的等级）确定解决异常情况时所采用的合理措施。一般情况下，风险等级越高，所采取措施的优先等级就越高，而且所使用的资源也越多。

根据定性或定量的风险评估结果，制订井全生命周期的检验、测试和监控计划。应制定明确的操作规程，包含检验测试和监控的内容、频率、评判准则、记录要求等。井完整性的检验、测试和监控活动通常包含以下内容：

（1）设计准备阶段应进行技术评估和审查；

（2）作业阶段应进行井屏障试压和测试；

（3）运行阶段应进行井屏障维护测试和监控。

通过开展风险评估，对井潜在失效风险进行识别和分级，可以为井监控、监测和维护措施的制定提供依据。风险评估可用于辅助确定以下参数：

（1）监控的类型和频率；

（2）监测的类型和频率；

（3）维护的类型和频率；

（4）正确的验证试验验收标准。

对于高风险井，应立即采取相应的风险缓解和修复措施。对于中风险井，应综合考虑修复作业的风险和成本，选择具有成本效益的风险缓解和修复措施，如果由于修复作业风险或成本比井的现状风险还要高，则可暂时不采取措施，继续监控生产。

一般需要对井内泄漏通道进行评价与确认，然后再决定采取何种修复措施。在选择适用的泄漏点定位方法时，应考虑所使用工具的操作条件和井下工况的限制，尤其是高温高压井。

常规的持续环空带压修复方法包括动管柱和不动管柱两类方法。动管柱的修复方法需要安装修井机将管柱提出，然后进行修复作业。该方法费用高，作业风险大，但是修复较彻底。不动管柱修复方法，主要是通过油管或环空进行修复作业，作业有一定的局限性，但是费用较低。修复方法的选择应充分考虑方法适用性、作业风险和成本等因素。以下为常见的持续环空带压修复方法。

（1）环空替液：通过多次泄放环空低密度油气，泵入高密度流体，来重新建立液柱静压。该方法作业周期长，且可能由于多次泵入作业导致环空压力激动。

（2）套管环空修复系统：该方法与环空替液方法类似，但通过环空中下入柔性管来替液。该方法受限于柔性管下入深度，目前实际的修复案例下入深度约100m。

（3）挤水泥：对固井质量较差段进行挤水泥作业。

（4）套管补贴：对破损的套管进行补贴作业。

（5）压差激活型密封剂：泵入密封剂至泄漏通道，通过差压激活密封剂聚合密封泄漏通道。

（6）起出管柱更换失效部件或井下工具。

以上泄漏通道查找和修复的方法并不全面。应根据实际带压井的井况，风险评估结果，并咨询专业修井服务商，来确定适合的方案。

思 考 题

1. 讨论井完整性风险评估通常需要考虑的因素。
2. 列举典型的井完整性风险因素。
3. 讨论井完整性风险评估方法选择的基本原则。
4. 列举典型的风险评估方法，并讨论这些风险评估方法的特点和适用性。

第五章　环空压力管理

在油气井建井和生产运行期间，应对环空压力进行有效管理，以保证井在整个生命周期内的完整性。环空压力管理过程中应充分考虑以下因素：

（1）压力源；

（2）监控数据，包括数据的变化趋势；

（3）环空内流体组成、流体类型和体积；

（4）运行范围，包括压力范围、压力允许变化速度等；

（5）失效模式；

（6）泄压系统；

（7）密封失效后各环空的流动能力；

（8）环空气体储集效应（如环空液面与地面间的气体体积）；

（9）腐蚀流体流入进入不抗腐蚀环空；

（10）未来可能导致井屏障退化的潜在最高压力。

第一节　环空压力类型

按照压力来源的不同，可以将环空压力划分为热致环空压力（APB）、人为施加环空压力或持续环空压力（SCP），几种压力来源也可能同时发生。

一、热致环空压力

热致环空压力（APB）是圈闭流体受热膨胀产生的压力，当井筒内流体受热升温并在密闭的系统内膨胀时，就会产生热致环空压力。尤其是对于在深水或高产的高温高压井是一个严重的问题，常规井由于 APB 导致的失效也存在大量案例，同样不容忽视。

在井初次投产时，井中可能会出现热致环空压力。井运行方面的其他变化，如更换油嘴和改变产量，也可能会引起热致环空压力。一旦泄压之后，除非使井温度进一步升高，否则热致环空压力一般不会恢复。

APB 受下列三个因素的相互作用：

（1）由于温度升高引起的流体膨胀；

（2）由于套管膨胀或者反向膨胀引起的容积体积的变化；

（3）环空流体流出或从外界流入环空，如在井口泄压或地层渗流。

APB 是流体体积变化和其容纳空间体积变化之间的差异引起的，流体的体积变化可能由热膨胀、流体的增加或减少而引起。根据拉姆斯方程，流体的体积变化和油管的热膨胀使环形空间体积发生变化，并且保持机械平衡。通过了解流体体积变化的大小、环空对压力的机械响应以及温度的变化，可计算出在一个或多个环空内的 APB 数值。APB 的大小影响套管柱的设计和井生产管理，也决定了环空压力的缓解措施。

在进行 APB 计算前通常做以下假设：

（1）油管是均质、轴对称的，且无塑性变形；

（2）套管环空内温度均匀分布；

（3）材料本身性质不受温度、压力影响；

（4）套管环空完全密封，无流体渗入或泄漏，即将这段环空看作一个密闭空间。

在密闭环空中的流体性质不变的情况下，环空中流体热膨胀导致的压力是流体质量 M_{ann}、温度 T_{ann} 和环空体积 V_{ann} 的函数，即

$$p_{ann} = p(M_{ann}, T_{ann}, V_{ann}) \tag{5-1}$$

式中　p_{ann}——密闭环空中的压力，MPa；

　　　M_{ann}——密闭环空中流体的质量，kg；

　　　T_{ann}——密闭环空的平均温度，℃；

　　　V_{ann}——密闭环空的体积，m^3。

环空流体热膨胀导致的压力的变化量为

$$\Delta p_{ann} = \frac{\alpha_1}{k_T} \Delta T_{ann} + \frac{1}{k_T V_{ann}} \Delta V_{ann} \tag{5-2}$$

式中　α_1——环空流体的热膨胀系数，$℃^{-1}$；

　　　k_T——环空流体等温压缩系数，MPa^{-1}；

　　　ΔT_{ann}——封闭环空的温度变化量，℃；

　　　ΔV_{ann}——封闭环空的体积变化量，m^3。

从式中可以发现，密闭环空压力的变化由体积变化和流体热膨胀组成。

1）流体热膨胀所增加的压力值

在油管和套管环空中，温度升高导致流体热膨胀，环空中流体热膨胀作用导致的压力变化值计算模型为

$$\Delta p_T = \frac{\alpha_1}{k_T} \Delta T_{ann} \tag{5-3}$$

式中　Δp_T——只考虑温度变化导致的压力变化值，MPa。

2）环空体积变化所增加的压力值

环空体积的变化量主要取决于油管所受到的周向载荷。由于环空体积变化造成的压力变化计算模型为

$$\Delta p_v = \frac{1}{k_T V_{ann}} \Delta V_{ann} \tag{5-4}$$

式中　Δp_v——环空体积改变导致的压力变化值，MPa。

3）油管的径向热膨胀

当温度升高时，油管将发生径向膨胀，使得密闭环空体积减小。温度改变引起的油管径向位移为

$$s_r = \frac{1+\mu}{1-\mu} \frac{\alpha_t}{r} \int_{r_{ti}}^{r} \Delta T_{ann} r \mathrm{d}r \tag{5-5}$$

式中　s_r——油管上任意一点处的径向位移，m；

μ——油管钢的泊松比，无量纲；

α_t——油管钢的热膨胀系数，1/℃；

r——油管上任意一点到油管轴线的距离，m；

r_{ti}——油管内半径，m。

由于温差为常数，所以油管外径变化量为

$$s_1 = \alpha_t \Delta T_{ann} \frac{1 + \mu}{1 - \mu} \frac{r_{to}^2 - r_{ti}^2}{2r_{to}} \qquad (5-6)$$

式中 s_1——油管热膨胀导致的外径变化量；

α_t——环空流体的热膨胀系数，1/℃；

r_{to}——油管外半径，m。

所以，油管径向热膨胀导致的环空体积变化量 ΔV_1 为

$$\Delta V_1 = \pi \left[(r_{to} + s_1)^2 - r_{to}^2 \right] L_p \qquad (5-7)$$

式中 ΔV_1——油管径向热膨胀导致的环空体积变化量，m^3；

L_p——密闭环空的长度，m。

4）流体的热膨胀

密闭环空中的流体因温度升高会导致体积膨胀，对管壁产生附加载荷，其体积变化量 ΔV_2 为

$$\Delta V_2 = \alpha_1 \pi \Delta T (r_c^2 - r_{to}^2) L_p \qquad (5-8)$$

式中 ΔV_2——流体热膨胀导致的环空体积变化量，m^2；

r_c——生产套管内径，mm；

5）油管径向压缩

环空压力升高导致油管受压，外表面发生径向收缩，其计算模型为

$$s_2 = r_{to} \Delta p_{ann} \frac{(1 + \mu) \left[r_{ti}^2 + 2(1 - 2\mu) r_{to}^2 \right]}{E_t (r_{to}^2 - r_{ti}^2)} \qquad (5-9)$$

式中 s_2——环空压力增大导致的油管外径变化量，m；

E_t——油管的弹性模量，MPa。

所以，由于径向压缩造成的环空体积的增量为

$$\Delta V_3 = \pi \left[(r_{to}^2 + s_1)^2 - (r_{to} + s_1 - s_2)^2 \right] L_p \qquad (5-10)$$

式中 ΔV_3——油管径向压缩导致的环空体积变化量，m^3。

6）环空流体的压缩效应

环空压力升高不单压缩油管，还会使环空中的流体被压缩，由此产生的体积减小量为

$$\Delta V_4 = \frac{\pi}{E_f} (r_c^2 - r_{to}^2) \Delta p_{ann} L_p \qquad (5-11)$$

式中 ΔV_4——环空流体被压缩导致的环空体积变化量，m^3；

E_f——环空流体体积弹性模量，MPa。

7）环空体积变化量

据式（5-7）、式（5-8）、式（5-10）和式（5-11），可得出密闭环空体积变化量：

$$\Delta V_{ann} = \Delta V_1 + \Delta V_2 + \Delta V_3 + \Delta V_4 \tag{5-12}$$

由于环空压力变化由流体热膨胀和环空体积变化两个因素决定的，且这两个因素间又相互影响，因此，以井筒压力温度场预测为基础，结合以上公式通过迭代计算可计算出环空压力的变化。

对可泄压环空，只有及时泄压便可避免 APB 引起的井屏障部件失效问题，对于不可泄压环空，常见的 APB 预防措施包括。

（1）全井段封固，适用于套管间井口环空 APB 问题，但无法杜绝套管间环空存在密闭空间。

（2）套管水泥返高低于上层套管鞋深度：通过地层压力来平衡掉 APB。

（3）增加管柱和相关工具强度：以极限工况下最大 APB 预测为基础，设计中考虑 APB 影响，通过提高管柱强度来预防 APB 风险。

（4）可压缩性泡沫材料：根据可压缩流体能够有效抵消 APB 的原理，来降低热致环空压力值。

（5）环空内添加合成可破裂泡沫球：通过在环空中泵入可破裂泡沫球，当压力升高至一定值泡沫球破裂，腾出多余空间来降低环空压力。

（6）使用破裂盘：当环空压力高于某个设计值后，破裂盘破裂，环空压力泄放，从而保护关键井屏障部件。

二、人为施加环空压力

人为施加的环空压力是根据井运行需要特意施加到环空中的压力，如由于气举、热处理等需要而对套管环空施加的压力。根据计划好的作业任务和井功能的不同，此压力可以是临时性的，也可以是永久性的。如储层改造过程中对 A 环空施加的平衡压力，改造结束后便会释放掉，属于临时性人为施加环空压力；而海上井给 A 环空打压来平衡 B 环空圈闭压力，防止套管挤坏，属于永久性人为施加环空压力。

三、持续环空压力

油气井缺乏有效的井屏障或井屏障失效，造成井筒内流体不可控流动，从而产生的环空压力为持续环空压力。持续环空压力的来源包括油气藏压力、气举气体压力、注水压力、浅超压层压力（由油气运移或上覆地层的变化引起的）等。

对井进行泄压后，在环空能够重新建立起的压力为持续环空压力，持续环空压力应引起特别的重视，因为这有可能预示着一个或多个屏障部件失效，这种失效会使得井内的压力源和环空相互串通。持续环空压力意味着井完整性出现了问题，并可能导致井筒流体在失控的情况下释放而造成令人无法接受的安全和环境后果。

持续环空压力可能是由于以下失效模式中的一种或多种引起的，例如：

（1）由于腐蚀/侵蚀/疲劳/应力过载的原因，造成套管、尾管、油管的性能退化；

（2）悬挂器密封失效；

（3）水泥完整性破坏；

（4）地层完整性破坏，如地层能量耗尽坍塌、过大的注入压力等；

（5）油管、封隔器密封完整性破坏；

（6）控制管线/化学品注入管线泄漏；

（7）阀开关的位置错误。

热致环空压力和人为施加的环空压力在井口泄压后可以消除，油套管串失效被诊断出后也可通过更换管柱消除，但气窜引起的环空压力在井口泄压后可能继续存在，具有永久性。ISO 16530-2 提供的典型井潜在泄漏通道如图 5-1 所示。

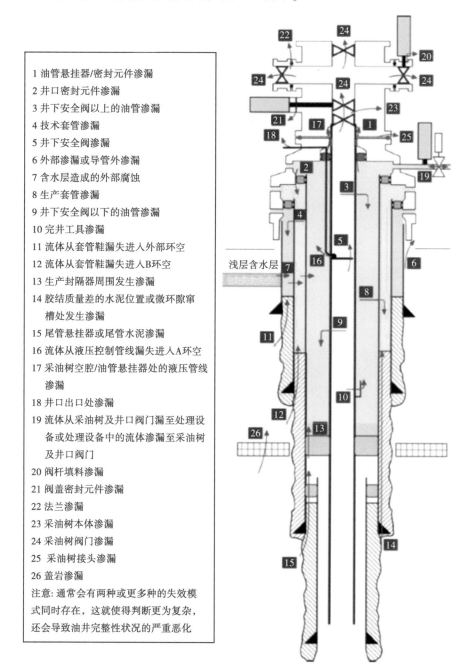

1 油管悬挂器/密封元件渗漏

2 井口密封元件渗漏

3 井下安全阀以上的油管渗漏

4 技术套管渗漏

5 井下安全阀渗漏

6 外部渗漏或导管外渗漏

7 含水层造成的外部腐蚀

8 生产套管渗漏

9 井下安全阀以下的油管渗漏

10 完井工具渗漏

11 流体从套管鞋漏失进入外部环空

12 流体从套管鞋漏失进入B环空

13 生产封隔器周围发生渗漏

14 胶结质量差的水泥位置或微环隙窜槽处发生渗漏

15 尾管悬挂器或尾管水泥渗漏

16 流体从液压控制管线漏失进入A环空

17 采油树空腔/油管悬挂器处的液压管线渗漏

18 井口出口处渗漏

19 流体从采油树及井口阀门漏至处理设备或处理设备中的流体渗漏至采油树及井口阀门

20 阀杆填料渗漏

21 阀盖密封元件渗漏

22 法兰渗漏

23 采油树本体渗漏

24 采油树阀门渗漏

25 采油树接头渗漏

26 盖岩渗漏

注意：通常会有两种或更多种的失效模式同时存在，这就使得判断更为复杂，还会导致油井完整性状况的严重恶化

浅层含水层

图 5-1 典型井潜在泄漏通道示意图

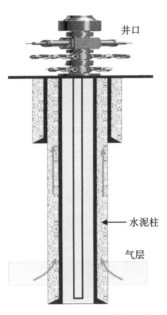

图 5-2　水泥环返到井口的
环空内气窜

环空带压的产生主要是由于油套管柱的泄漏、封隔器密封失效、固井质量差以及后续作业对水泥环的伤害等因素造成流体窜流到环空，导致井底压力传到井口，从而在井口环空中产生带压。据不同环空内水泥填充程度，可将环空分为水泥浆返到井口（不存在自由环空段）和水泥浆未返到井口（固井后水泥环上部还滞留有钻井液）两种情况。

1. 水泥浆返到井口的环空持续套压瞬态分析模型

在这个模型内，假定水泥顶部位于地表。水泥柱内的气窜示意图如图 5-2 所示，在建立数学模型前做出以下假设：

（1）由于产层的渗透率远高于水泥环的渗透率，因此假定地层压力为常量；

（2）在放压末期，气体以很小的恒定流量排出井口；

（3）该井固井至地表。

对多孔介质取微元立方体来进行分析，如图 5-3 所示，气体在水泥环内的流动方程推导如下：

假设微元体内不存在质量损失，推导出流体在多孔介质内流动的连续性方程为

$$\frac{\partial}{\partial x}(\rho\mu_x) + \frac{\partial}{\partial y}(\rho\mu_y) + \frac{\partial}{\partial z}(\rho\mu_z) = -\frac{\partial}{\partial t}(\rho\phi) \tag{5-13}$$

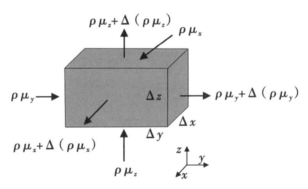

图 5-3　气体在水泥环内的渗流微元体示意图

设 x 和 y 方向上没有介质流动，可将上式简化为一维（z 方向）流动

$$\frac{\partial}{\partial z}(\rho\mu_z) = -\frac{\partial}{\partial t}(\rho\phi) \tag{5-14}$$

为得到多孔介质内流体流动的微分方程，将达西渗流定律与连续性方程结合。对于一维流动，微分方程如下

$$\frac{\partial}{\partial z}\left[\frac{k_z\rho}{\mu}\left(\frac{\partial p}{\partial z} + \rho g\right)\right] = \frac{\partial}{\partial t}(\rho\phi) \tag{5-15}$$

式中 μ——气体黏度，mPa·s；

　　　ρ——气体密度，g/cm³；

　　　ϕ——介质孔隙度；

　　　k_z——介质在 z 方向上的渗透率，mD。

为得到气体流动的解，需要结合另外两个方程：真实气体的流动方程和气体偏差因子与压力的变化关系式。

真实气体的状态方程为

$$pV = ZnRT \qquad (5-16)$$

根据式（5-16）可推导出气体的密度表达式为

$$\rho = \frac{Mp}{RTZ} \qquad (5-17)$$

式中 M——气体的摩尔质量，kg/mol；

　　　R——气体常数，$R = 0.008315$MPa·m³/（kmol·K）；

　　　Z——气体的偏差因子，无量纲。

忽略重力的影响，考虑气体偏差因子与压力的变化，联立式（5-15）和式（5-17）可得

$$\frac{\partial}{\partial z}\left(\frac{p}{\mu Z}\frac{\partial p}{\partial z}\right) = \frac{\phi c_t p}{k_z Z}\frac{\partial p}{\partial t} \qquad (5-18)$$

式中 c_t——综合压缩系数，MPa⁻¹。

引入气体拟压力的概念，计算公式为

$$\psi(p) = 2\int_{p_R}^{p}\frac{p}{\mu Z}\mathrm{d}p \qquad (5-19)$$

所以水泥内的气体流动方程为

$$\frac{\partial^2 \Psi(p)}{\partial z^2} = \frac{\phi\mu c_t}{k_z}\frac{\partial \psi(p)}{\partial t} \qquad (5-20)$$

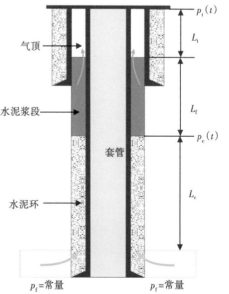

图 5-4　水泥环未返到井口的环空内气窜

2. 水泥浆未返到井口的环空持续套压恢复数值模型

为建立数学模型做如下假设：

（1）地层压力不变，也就是 p_f＝常数；

（2）与水泥顶部的压力 p_c 变化相对应的每一时间步长内，穿过水泥（$0<z\leqslant L_c$）的气体为稳态流；

（3）水泥浆液柱内的气体密度忽略不计；

（4）气体定律的偏差因子不变，例如 Z＝常数；

（5）气侵水泥浆柱为可压缩的；

（6）水泥浆和水泥浆顶部的温度（T_{wb} 和 T_{wh}）

不同；

（7）已知水泥浆密度，且在过程中为常数；

（8）气泡上升速率 v_{sg} 为常数，控制了时间步长。

在第 n 个时间段，水泥环顶部的压力为

$$p_c^n = p_t^{n-1} + 0.0098\rho_m L_f^{n-1} \tag{5-21}$$

此时，根据达西定律，可以求得在水泥环顶部的流量为

$$q_c^n = \frac{0.00864 K A T_{sc}}{2p_{sc} T L_c \mu_i Z_i} \big[p_f^2 - (p_c^n)^2 \big] \tag{5-22}$$

在该时间段，气体体积和气体的物质的量为

$$\Delta V_g^n = q_c^n \Delta t \tag{5-23}$$

$$\Delta n^n = \frac{p_c^n \Delta V_g^n}{Z_i R T_{wb}} \tag{5-24}$$

总时间段内，聚集气体的总物质的量为

$$n_t^n = \sum_{k=1}^{n} \Delta n^k = \frac{\sum\limits_{k=1}^{n} p_c^k q_c^k \Delta t}{Z_i R T_{wb}} \tag{5-25}$$

考虑实际气体的压缩性，可以得到如下方程式：

$$p_t^n (V_t^{n-1} + \Delta V_t^n) = n_t^n Z R T_{wh} \tag{5-26}$$

$$\Delta V_m^n = c_m V_m^{n-1} (p_t^n - p_t^{n-1}) \tag{5-27}$$

$$\Delta V_m^n = \Delta V_t^n \tag{5-28}$$

联立式（5-25）、式（5-26）、式（5-27）和式（5-28）可得关于 p_t^n 的一元二次方程

$$(p_t^n)^2 - \left(p_t^{n-1} - \frac{V_t^{n-1}}{c_m V_m^{n-1}} \right) p_t^n - \frac{T_{wh} \sum\limits_{k=1}^{n} p_c^k q_c^k \Delta t}{c_m V_m^{n-1} T_{wb}} = 0 \tag{5-29}$$

求解方程的根即为环空在 n 时刻的压力

$$p_t^n = \frac{1}{2} \left(p_t^{n-1} - \frac{V_t^{n-1}}{c_m V_m^{n-1}} + \sqrt{ \left(p_t^{n-1} - \frac{V_t^{n-1}}{c_m V_m^{n-1}} \right)^2 + \frac{4 T_{wh} \sum\limits_{k=1}^{n} q_c^k p_c^k \Delta t}{c_m V_m^{n-1} T_{wb}} } \right) \tag{5-30}$$

第二节　环空最大允许压力计算

环空最大允许压力，是指在环空井口位置测量所允许的最大压力，此压力不会对环空井屏障部件的完整性产生不利影响。此压力包括任何暴露的裸眼地层压力。

井每个环空都应该确定最大允许压力。如果出现下列情况，则必须重新计算环空最大允许压力：

（1）井屏障部件性能标准变化；

（2）井的使用类型变化；

（3）环空流体密度变化；

（4）油管和（或）套管壁厚降低；

（5）地层压力的变化超出原始载荷案例计算的情况。

一、计算要求

在计算环空最大允许压力时，通常需要使用如下信息：

（1）在对环空进行试压时，所使用的最高压力；

（2）组成环空的每一个部件，其机械性能规格或制造出厂性能的详细资料；

（3）完成建井时的详细资料；

（4）环空及相邻环空或油管中各种流体的详细资料（密度、体积、稳定性等）；

（5）套管固井、水泥环拉伸和压缩强度性能详细资料；

（6）地层强度、渗透率和地层流体详细资料；

（7）井所穿透含水层的详细资料；

（8）在确定要应用的合适环空最大允许压力时，需要考虑对磨损、侵蚀和腐蚀的校正；

（9）在套管上安装泄压设施（如破裂盘）时，要确保在计算环空最大允许压力时，考虑了泄压设施的开启和关闭两种状态下的各种载荷情况；

（10）考虑地面控制井下安全阀控制管线的运行压力：确保环空最大允许压力不会破坏安全阀控制管线完整性，而导致控制管线与环空串通。

二、API RP 90 推荐方法

最大允许井口操作压力是确定保证环形空间安全的尺度，它适用于所有类型的环间压力，包括热致环间压力、持续环间压力和操作施加套管压力。最大允许井口操作压力是相对井口环境压力且为环形空间而测量的压力，它确定了以下失效模式的安全系数。

（1）内部管柱抗挤毁强度。

（2）外部管柱抗内压强度。

对于待评估环形空间，最大允许井口操作压力为以下各项中的最小者：

（1）所要评估环间外层套管最小抗内压强度的 50%；

（2）所要评估环间次外层套管最小抗内压强度的 80%；

（3）所要评估环间内部套管或油管最小抗挤强度的 75%。

若评估环间为最外层环间，最大允许井口操作压力为以下各项中的最小者：

（1）外层套管最小抗内压强度的 30%；

（2）内层套管最小抗挤强度的 75%。

油管和套管组的最小抗内压强度和最小抗挤毁强度可以由美国石油学会公报 5C3 进行计算。当套管和油管柱包含两种或多种不同重量和等级时，应当选用最小重量和最低钢级来计算最大允许井口操作压力。

计算最大允许井口操作压力时，引入了由管柱最小抗内压强度表示的安全系数，该安全系数主要考虑以下几种情况：

（1）套管组内各组件的最小额定压力，比如管箍、螺纹、挤毁盘等；

（2）管路未知冲蚀和腐蚀；

（3）套管未知磨损；

（4）未知老化情况。

如果想要合理且保守的评估套管抗内压的危险，计算最大允许井口操作压力时，通常取最小抗内压强度的 50% 作为安全系数。对于外层套管而言，可以取更高的安全系数，通常取最小抗内压强度的 80%，这主要是考虑到极限载荷。但由于最外层套管为最外层的隔离层，只允许取最小抗内压强度的 30% 作为安全系数。

如果套管内有效钻井时间长，存在可疑或已知的冲蚀或腐蚀，或者是在高温下运行，则在计算最小抗内压强度时，应当考虑使用额定壁厚或材料性能减小系数。

大多数情况下，通常采用所要评估套管最小抗内压强度的 50%，或者外层套管最小抗内压强度的 80% 来确定最大允许井口操作压力。然而由于内部抗挤毁风险，所以需要考虑环形空间内所要评估油管的抗挤毁强度。计算最大允许井口操作压力时，取最小抗挤强度的 75% 作为安全系数对内部接管发生破坏的分析是合理、保守的。

某些情况下，A 和 B 环空之间存在压力连通，通常是由于生产套管或井口存在泄漏造成的。在这些情况下，最大允许井口操作压力计算公式便不再适用，需要逐一单独进行分析。

如果两个或更多的外部环空之间存在连通作用（比如 B 和 C 环空之间，C 和 D 环空之间等），那么分割这些空间的套管已经是无效的隔离层，并且不应当在计算最大允许井口操作压力中使用。

三、API RP 90-2 推荐方法

采用 API RP 90-2 推荐的方法计算环空最大允许工作压力时，综合井口压力等级、完井设备压力等级、地层破裂压力和管柱压力等级分别计算出一个最大允许工作压力值，取其中的最小值作为待评估环空的最大允许工作压力值。

1. 井口压力等级

通过井口装置评估得到的所评估环空最大允许工作压力为井口装置工作压力的 80%。其中，井口装置工作压力等于对外层套管起支撑作用的井口段的最大工作压力和最大试验压力的较小值。在计算最大允许工作压力时，采用最大工作压力 80% 的安全系数可以合理地控制井口装置密封失效风险。

2. 完井设备压力等级

通过完井设备评估得到的所评估环空最大允许工作压力为：$[p_{cc} - \Delta p_{cc}]$ 的 80%，其中，p_{cc} 是完井设备组成部件的最大工作压力，Δp_{cc} 是在某深度位置上，完井设备组成部件两侧的压力差。在计算最大允许工作压力时，采用 80% 的安全系数可以合理地控制完井设备密封

失效风险。

3. 地层破裂压力

对地层破裂压力而言，最大允许工作压力是根据在钻穿套管鞋时，在套管鞋位置进行的地层完整性试验或漏失试验确定的最小地层破裂压力梯度，或根据不会在后续井段中引发钻井液漏失的钻井液密度（MWG，或理想情况下的有效循环密度）确定出来的。在缺乏此类数据时，可以根据当地的经验（例如，地层破裂压力梯度一般范围为 0.5～0.9psi/ft）和套管鞋位置的垂深来估算出比较保守的最小地层破裂压力梯度。

此类计算方法不适用于与地层不会产生窜流的环空（如水泥封固的环空）。

通过地层破裂压力评估对应的所评估环空的最大允许工作压力为［TVD×（FG−MWG）］的 80%：在计算最大允许工作压力时，采用地层破裂压力 80% 的安全系数，可以合理地控制地层压力密封破坏的风险。

4. 管柱压力等级

API RP 90-2 推荐了三种考虑管柱压力等级计算环空最大允许工作压力的方法，按照计算方法的复杂程度，由简到繁排列依次为缺省表示法、简化降级法、直接降级法。

1）缺省表示法

对于环空压力非常低且管柱状态不明的井，可采用缺省表示法。缺省表示法是一种非常保守的环空最大允许工作压力确定方法，规定最外层环空的环空最大允许操作压力为100psi，其他所有环空的最大允许操作压力为是 200psi，该方法的特点是不需要进行具体计算、非常保守。

2）简化降级法

对环空内层管柱和外层管柱使用简化降级法时，被评估环空的最大允许工作压力取下列几种考虑因素计算结果的最小值：

（1）被评估环空外侧管柱最小抗内压强度的 50%；

（2）被评估环空内侧管柱最小抗外挤强度的 75%；

（3）被评估环空次外层管柱最小抗内压强度的 80%。

对于井内最外侧环空，计算最大允许工作压力时取下列几种考虑因素计算结果的最小值：

（1）被评估环空外侧管柱最小抗内压强度的 30%；

（2）被评估环空内侧管柱最小抗外挤强度的 75%。

对于油管柱和套管柱，最小抗内压强度和最小抗外挤强度可按照 API TR 5C3 标准进行计算。对于包含有两种或多种重量及钢级不同的管柱，环空最大允许工作压力计算要以重量最轻、钢级最低的管柱为准。在接头强度低于管柱本体的情况下，计算时应采用接头的强度。

在环空最大允许工作压力计算过程中，使用管柱强度的百分比来表示安全系数，这样可以更加简便地考虑管柱性能的降低，此安全系数主要考虑以下因素：

（1）管柱内其他部件（如接箍、螺纹等）的最小压力等级；

（2）未知的生产和环境影响因素（管柱冲蚀和腐蚀）；

（3）未知的管柱磨损情况。

在环空最大允许工作压力计算过程中，将安全系数选用为被评估管柱本体最小抗内压强度的 50%，可以合理地控制管柱失效的风险。对最外侧的套管柱，因为这是最后的一道屏障，所以可采用较低的抗内压强度百分比（30%）。在大多数情况下，环空最大允许工作压力通常为所评估套管柱最小抗内压强度的 50%，因为内层管柱最小抗外挤强度的 75% 往往是一个比较高的数值。但是，应充分考虑所评估环空内部管柱挤毁风险。对环空最大允许工作压力计算，将安全系数选用为最小抗外挤强度的75%，可以合理估算内层管柱挤毁风险。

3）直接降级法

若套管柱经历了较长的钻磨时间，怀疑或已确认发生了冲蚀或腐蚀破坏，或工作在高温环境下，则应考虑使用直接降级法，在计算管柱强度时，应计算某个特定的壁厚减少量或充分考虑某些材料属性。

对管柱使用直接降级法时，被评估环空的最大允许工作压力取下列几种考虑因素计算结果的最小值：

（1）被评估环空外侧管柱剩余最小抗内压强度的80%；

（2）被评估环空内侧管柱剩余最小抗外挤强度的80%；

（3）被评估环空次外层管柱剩余最小抗内压强度的100%。

在计算环空最大允许工作压力时，对环空内外层管柱强度进行降级处理，可通过充分考虑腐蚀、冲蚀、磨损等造成的名义壁厚损失量来直接实现。另外，在对最小抗内压强度和最小抗外挤强度进行调整时，也要选择和应用合适的安全系数。对于油管柱和套管柱本体，最小抗内压强度和最小抗外挤强度可按照 API TR 5C3 标准进行计算。在接头强度低于管柱本体的情况下，计算时应采用接头的强度。

5. 其他考虑因素

在某些情况下，由于油管、套管柱或井口装置出现渗漏，造成环空持续带压。此时，前面提到的环空最大允许工作压力计算公式不再适用，应根据具体情况对此类井进行评估。如果在两个或更多个环空之间出现了压力串通（如在 B 环空和 C 环空，或 C 环空和 D 环空之间出现了串通），则可以认为分隔此类环空的套管已不再是合格的井屏障，而且在计算环空最大允许工作压力时不应以这些套管为准。

四、ISO 16530-2 推荐方法

ISO 16530-2 详细介绍了各环空中相应各关键点的环空最大允许工作压力计算方法，可以使用这些计算方法来指导建井施工和生产管理，每一类工况下都应进行严格的检查，确保已经找出所有的关键点并进行了正确的计算。

管件的抗内压强度值和抗外挤强度值应根据三轴应力计算方法求出，该计算方法见 ISO/TR 10400 或 API/TR 5C3，同时，应根据使用条件和工况对井进行评估，针对磨损、腐蚀和侵蚀的情况进行降级调整。

在环空流体密度取值时，假定环空或油管被一种流体所充满。但是，如果环空或油管中含有几种流体，或不同状态（固体、液体或气体）的物质，则应在计算中进行调整，体现这几种密度变化。

用于操作的环空最大允许工作压力值应选取每次计算结果的最低值。后续计算相关的符号和缩写见表 5-1。

目前还有其他一些计算环空最大允许工作压力的方法，这些方法通常利用三轴应力分析和各种软件包，其输入数据的范围更广，如作用在管件上的轴向载荷（该载荷会影响到管件的抗外挤强度和抗内压强度）以及材料特性随着温度变化而发生的变化。在作业井中，由于磨损、腐蚀或侵蚀等会使得管件的壁厚减小，计算环空最大允许工作压力时需要考虑这方面的影响。

表 5-1 环空最大允许工作压力计算中相关符号和缩写

参数		描　述
符号	缩写	
D_{TVD}	D	垂向深度（TVD），m 深度是指相对于井口的深度，而不是相对于方钻杆补心的深度
∇p_{BF}	BF	环空中的压井液破胶后清液梯度，kPa/m
∇p_{EMM}	MM	当量最大压井液压力梯度，kPa/m
p_{MAASP}	MAASP	最大允许环空地面压力，kPa
∇p_{MG}	G	压井液或盐水的压力梯度，kPa/m
p_{PC}	PC	套管抗外挤强度，kPa 在计算环空最大允许工作压力时，套管抗外挤强度应乘安全系数
p_{PB}	PB	套管抗内压强度，kPa 在计算环空最大允许工作压力时，套管抗外挤强度应乘安全系数
p_{PKR}	PKR	生产封隔器的额定工作压力，kPa
∇S_{FS}	FS	地层强度梯度，kPa/m
∇p_{FP}	FP	地层压力梯度，kPa/m
g_n	—	重力加速度，等于 9.8m/s² （按照国际计量局公布的数值取值）
下标		描述
A、B、C、D		指定环空
ACC		附件（如坐放短节）
BF		压井液破胶后清液
RATING		性能的额定值
FORM		地层
LH		衬管悬挂器
PP		生产封隔器
RD		破裂盘
SH		套管鞋
SV		安全阀
TBG		油管
TOC		水泥返高

1. A 环空最大允许工作压力计算

A 环空的两种典型情况的示意图如图 5-5 所示，相关计算公式见表 5-2。

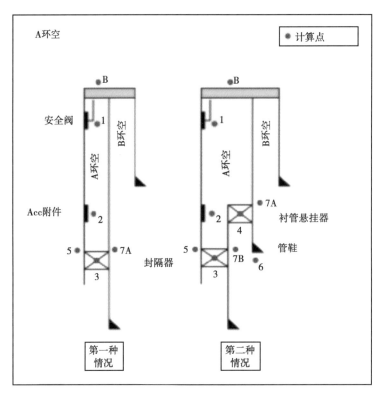

图 5-5　两种典型的 A 环空示意图

表5-2　A 环空的最大允许工作压力计算公式

序号	项目	哪种环空情况	环空最大允许工作压力计算公式	备注/假设
1	安全阀抗外挤强度	两种情况	$p_{MAASP} p_{PC,SV} - [D_{TVD\,SV} \cdot (\Delta p_{MG,A} - \Delta p_{MG,TGB})]$	环空中的流体相对密度最高值 油管中的流体相对密度最低值
2	附件抗外挤强度	两种情况	$p_{MAASP} p_{PC,ACC} - [D_{TVDA\,CC} \cdot (\nabla p_{MG,A} - p_{MG,TGB})]$	环空中的流体相对密度最高值 油管中的流体相对密度最低值
3	封隔器抗外挤强度	两种情况	$p_{MAASP} p_{PC,PP} - [D_{TVD\,PP} \cdot (\nabla p_{MG,A} - \nabla p_{MG,TGB})]$	环空中的流体相对密度最高值 油管中的流体相对密度最低值
	封隔器密封部件的额定压力	两种情况	$p_{MAASP} (D_{TV\,DFORM} \cdot \nabla S_{FS\,FORM}) + p_{PKR} - (D_{TVD\,PP} \cdot \nabla p_{MG,A})$	p_{FORM} 是指封隔器下方临近地层在封隔器密封部件生命周期内的最低压力 PKR 是指封隔器密封部件的额定压力（在其生命周期内可以要求降低压力等级）
	衬管密封部件的额定压力	第二种情况	$p_{MAASP} (D_{TVD\,FORM} \cdot \nabla S_{FS\,FORM}) + p_{PKR} - (D_{TVD\,PP} \cdot \nabla p_{MG,A})$	p_{FORM} 是指封隔器下方临近地层在密封部件生命周期内的最低压力 PKR 是指封隔器密封部件的额定压力（在其生命周期内可能需要降低压力等级）

序号	项目	哪种环空情况	环空最大允许工作压力计算公式	备注/假设
4	衬管悬挂封隔器的抗内压强度	第二种情况	$p_{\text{MAASP}}=p_{\text{PB,LH}}-[D_{\text{TVD LH}}\cdot(\nabla p_{\text{MG,A}}-\nabla p_{\text{BF,B}})]$	假定 B 环空中剩余的钻井液已经被分解，在此基础上对钻井液破胶后清液进行假设。 在某些情况下，有必要使用 BF_B 来代替地层压力。
5	油管的抗外挤强度	两种情况	$p_{\text{MAASP}}=p_{\text{PC,TBH}}-[D_{\text{TVD PP}}\cdot(\nabla p_{\text{MG,A}}-\nabla p_{\text{MG,TBG}})]$	环空中的压井液相对密度最高值 油管中的压井液相对密度最低值 有必要将 D_{PP} 取调整后的深度（针对不同的油管重量/尺寸）
6	地层强度	第二种情况	$p_{\text{MAASP}}=D_{\text{TVD SH}}\cdot(\nabla S_{\text{FS A}}-\nabla p_{\text{MG,A}})$	如果不确定衬管叠合处及环空中的水泥质量，则使用衬管悬挂封隔器的额定压力。
7	外部（生产）套管的抗内压强度	第一种情况	$p_{\text{MAASP}}=p_{\text{PB B}}-[D_{\text{TVD LH}}\cdot(\nabla p_{\text{MG A}}-p_{\text{BF B}})]$	PBB 是指环空外层套管/衬管的抗内压强度 如果梯度 BFB 大于 MG_A，则采用最深的深度值。否则，应取 $D_{\text{TVD}}=0$。 有必要将 D_{PP} 或 D_{LH} 调整为与检查有关的其他深度（针对不同的油管重量/尺寸等）。
		第二种情况	$p_{\text{MAASP}}=p_{\text{PBB}}-[D_{\text{TVDPP}}\cdot(\nabla p_{\text{MG A}}-p_{\text{BF B}})]$	
	衬管叠合段的抗内压强度	第二种情况	$p_{\text{MAASP}}=p_{\text{PB B}}-[D_{\text{TVD PP}}\cdot(\nabla p_{\text{MG A}}-\nabla p_{\text{BF B}})]$	在某些情况下，有必要使用 $p_{\text{BF,B}}$ 来代替地层压力。
8	井口额定压力	两种情况	环空最大允许工作压力等于井口额定工作压力	—
9	环空测试压力	两种情况	环空最大允许工作压力等于环空测试压力	—

注：各点的序号对应于图 5-5 中的红点。

需要注意的是，如果不想使用工作压力范围中的压力下限值，那么，计算掏空油管或环空的当量密度时，可以将 MG（压井液相对密度，用于内部管柱）和 BF（钻井液破胶后清液，用于外部环空）设置为零。因此，如果对压力不能进行单独地控制，对于闭合容积有必要考虑热效应。仍需要确定封隔器支撑的最低压力要求。典型的设计方法是在井屏障中使用掏空的油管和环空载荷。

2. B 环空最大允许工作压力计算

B 环空的两种典型情况的示意图如图 5-6 所示，其中，第一种情况为 B 环空中的水泥返高在上一级套管鞋以下，第二种情况为 B 环空中的水泥返高在上一级套管鞋以上。相关计算公式见表 1-3。

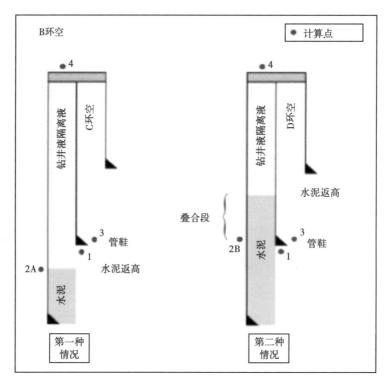

图 5-6 两种典型的 B 环空示意图

表 5-3 B 环空的最大允许工作压力计算公式

序号	项目	哪种环空情况	环空最大允许工作压力计算公式	备注/假设
1	地层强度	两种情况	$p_{\text{MAASP}} \, D_{\text{TVD SH,B}} \cdot (\nabla S_{\text{FS B}} - \nabla p_{\text{MG,B}})$	有必要考虑钻井液降解和水泥浆隔离液影响
2	内部(生产)套管抗外挤强度	两种情况	$p_{\text{MAASP}} \, p_{\text{PC,A}} - \left[D_{\text{TVD TOC}} \cdot (\nabla p_{\text{MG,B}} - \nabla p_{\text{MG,A}}) \right]$	PC 是指套管/衬管的抗外挤强度 B 环空中的钻井液相对密度最高值 A 环空中的钻井液相对密度最低值（按照 A 环空排空的情况进行评估） 将 D_{TOC} 取调整后的深度（针对不同的套管重量/尺寸等）。
3	外部套管的抗内压强度	两种情况	$p_{\text{MAASP}} \, p_{\text{PC B}} - \left[D_{\text{TVD SH}} \cdot (\nabla p_{\text{MG B}} - \nabla p_{\text{BF C}}) \right]$	如果 BFC 的梯度大于 MGB，则采用深度的最大值。否则，取 $D_{\text{TVD}} = 0$。 将 D_{SH} 取调整后的深度（针对不同的套管重量/尺寸等）。
4	井口的额定压力	两种情况	环空最大允许工作压力等于井口额定工作压力	—
环空测试压力		两种情况	环空最大允许工作压力等于环空测试压力	—

注：各点的序号对应于图 5-6 中的红点。

3. C 环空最大允许工作压力计算

C 环空的两种典型情况的示意图如图 5-7 所示，其中，第一种情况为 C 环空中的水泥返高在上一级套管鞋以下，第二种情况为 C 环空中的水泥返高在上一级套管鞋以上。

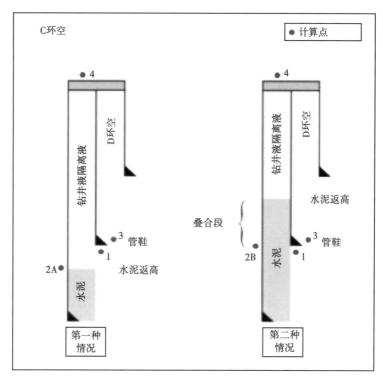

图 5-7　两种典型的 C 环空示意图

对于之后的环空使用同样的计算方法，详见 B 环空部分。

五、中国石油完整性标准推荐方法

1. B、C、D 环空压力控制范围计算

B、C、D 环空最大许可工作压力计算时，应考虑以下因素（图 5-8），其中：①井口装置；②内层套管上部；③外层套管上部；④内层套管下部；⑤外层套管下部；⑥地层。

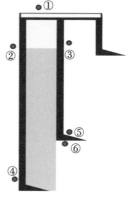

图 5-8　B、C、D 环空最大允许带压值计算示意图

B、C、D 环空最大许可工作压力为以下各项中的最小者：

（1）整个环空内层套管最小抗外挤强度的 80%；

（2）整个环空外层套管最小抗内压强度的 80%；

（3）环空对应套管头额定压力值的 80% 与试压值中的较小值，套管头试压值与额定压力差别较大时，应做风险评估，确定 B、C、D 环空最大许可工作压力；

（4）环空对应地层破裂压力：$p_{最大允许压力} = p_{地层破裂} \times 80\% - p_{环空液压}$。

计算出 B、C、D 环空最大允许带压值后，将 B、C、D 环空最大允许带压值×80% 作为推荐工作压力值上限，将 B、C、D 环空对应套管头额定值、整个环空内层套管最小抗外挤强度、整个环空外层套管最小内压强度、环空对应地层破裂压力与环空液柱压力差等四个值的最小值作为该环空最大极限压力值。绘制 B、C、D 环空压力控制范围图时，B、C、D 环空最小预留压力值为 0.7MPa，B、C、D 环空压力推荐值下限为 1.4MPa。

2. A 环空最大允许带压值计算

A 环空最大许可工作压力计算时，应考虑以下因素（图 5-9），其中：①油管头；②井下安全阀；③封隔器；④油管柱；⑤生产套管；⑥尾管悬挂器；⑦地层；⑧尾管。

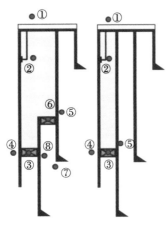

图 5-9 A 环空最大允许带压值计算示意图

1）油管头校核

油管头额定压力值的 80% 与试压值中的较小值。

2）井下安全阀校核

保证井下安全阀对应的 A 环空最大允许带压值通常根据井下安全阀信封曲线进行计算。

3）封隔器校核

保证封隔器安全对应的 A 环空最大允许带压值通常根据封隔器信封曲线进行计算。

4）油管校核

在开井生产及关井工况下进行油管抗外挤强度和三轴应力强度校核，分别计算出 A 环空的最大许可工作压力，从中选取最小者作为油管强度校核对应的 A 环空最大许可工作压力。

5）生产套管校核

生产套管抗内压强度根据下入后的作业情况确定剩余强度，计算 A 环空最大许可工作压力。

6）尾管悬挂器校核

通过尾管悬挂器额定工作压力计算 A 环空最大许可工作压力。

7）地层破裂压力校核

根据地层破裂压力来计算 A 环空最大许可工作压力。

8）尾管校核

尾管抗内压强度根据下入后的作业情况确定剩余强度，计算 A 环空最大许可工作压力。

3. A 环空最小预留工作压力计算

A 环空最小预留工作压力计算时，应考虑以下因素（图 5-10），其中：①封隔器；②井下安全阀；③油管柱；④生产套管；⑤尾管；⑥尾管悬挂器。

在开井生产及关井工况下进行油管柱抗内压强度和三轴应力强度校核，分别计算出 A 环空的最小预留工作压力，从中选取最大者作为 A 环空的最小预留工作压力。

1）封隔器校核

保证封隔器安全对应的 A 环空最小预留工作压力值通常根据封隔器信封曲线进行计算。

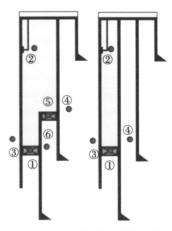

图 5-10 A 环空最小预留工作压力计算示意图

2）井下安全阀校核

保证井下安全阀安全对应的 A 环空最小预留工作压力值通常根据井下安全阀信封曲线进行计算。

3）油管校核

通过油管抗内压强度和三轴应力强度计算 A 环空最小预留工作压力，取其最小值。

4）生产套管校核

生产套管抗内压强度根据下入后的作业情况确定剩余强度，计算 A 环空最小预留工作压力。

5）尾管和尾管悬挂器校核

通过尾管和尾管悬挂器计算 A 环空最小预留工作压力方法同生产套管类似，在此不再赘述。

4. A 环空压力控制范围计算及图版

A 环空最大许可压力应考虑组成环空的各屏障部件（油管头、井下安全阀、封隔器、油管柱、生产套管、尾管悬挂器、尾管和地层等）在不同工况下的强度校核，图 5-11 各颜色区域界线含义如下：

（1）以相关井屏障部件额定值中的最小值作为 A 环空最大极限压力值（上部橙色区域顶界）；

（2）以综合考虑相关井屏障部件安全系数后的计算值中的最小值作为 A 环空最大允许压力值（上部黄色区域顶界）；

（3）以 A 环空最大允许压力值的 80% 作为 A 环空最大推荐压力值（绿色区域顶界）。

A 环空最小预留压力主要考虑油管柱在不同工况下的强度校核，图 5-11 各颜色区域界线含义如下：

（1）以油管柱满足单轴及三轴安全系数条件下的 A 环空压力作为 A 环空最小允许压力值，但 A 环空最小允许压力不能低于 0.7MPa（下部黄色区域底界）；

（2）以 A 环空最小允许压力值的 1.25 倍作为 A 环空最小推荐压力值，但 A 环空最小推荐压力值不能低于 1.4MPa（绿色区域底界）；

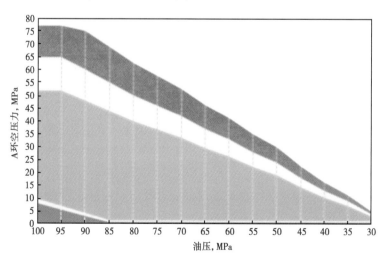

图 5-11　A 环空压力控制范围图版示例图

（3）以相关井屏障部件额定值计算得到的最大值与 0MPa 中的较大值作为 A 环空最小极限压力值（下部橙色色区域底界）。

监控井处于绿色区域为正常状态，处于黄色区域为预警状态，需采取相应措施并加强监控，处于红色区域为危险状态，应及时治理。

第三节　环空压力控制范围

环空压力管理过程中应确定一个压力值范围，压力超出此范围之后，就要对其进行诊断分析。上诊断压力值是指诊断压力值范围的上限压力。下诊断压力值是指诊断压力值范围的下限压力。制定和使用诊断压力的目的是为了能够启动诊断程序，并对压力变化做出响应，以有效缓解对井完整性造成危害的风险。通常情况下，诊断的第一个步骤是泄掉一定环空压力、监测流体流动、关井并监测压力恢复情况。

一、运行范围设定

应努力将各环空的压力保持在运行范围内，所设定的上限值要低于环空最大允许压力，以确保能有足够的时间来启动纠正措施，将压力维持在环空最大允许压力以下。压力上限值不应该取得太高，以防止在关井之后，热作用使环空压力超过环空最大允许压力。

在确定下限值时，要考虑如下因素：

（1）当地管理部门的要求；

（2）当地的地质条件及是否存在水质可用的水源；

（3）是否紧邻公共场所；

（4）井设计；

（5）压力表精度；

（6）井寿命和状况（例如直接降级方面的考虑）；

（7）在环空中积累起来的热诱导压力影响；

（8）套管环空压力泄压时，要求的操作人员的响应时间（例如，边远位置可能需要更小的诊断压力值窗口）；

（9）压力监测程序（例如，需要为安装了手动仪表的井设置更小的诊断压力值窗口）；

（10）当前的环空流体密度及静水压力过平衡消失的潜在可能性；

（11）所有与环空接触地层的地层压力；

（12）能够发觉潜在的微小泄漏；

（13）温度波动；

（14）避免产生蒸汽相（腐蚀反应加速）；

（15）避免空气进入；

（16）对水下井而言，建议下限值应超过井口处的海水柱静液压力。

典型运行范围原则如图 5-12 所示。

运行范围仅适用于对能进入的环空进行诸如泄压/压力恢复之类的压力管理。封闭的环空，由于不对其进行压力监控，因此要在井设计阶段就予以考虑。对于工作环空，由于要进行注入或气举等作业，因此要进行负压测试，并对其相邻的环空进行监控。

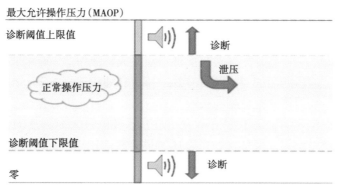

图 5-12　压力极限值和环空最大允许压力图例

建议在对环空进行操作时，不要使其压力高于相邻环空的最大允许压力。若两环空间发生泄漏，这可避免相邻环空压力超出最大允许压力。典型环空压力管理流程如图 5-13 所示。

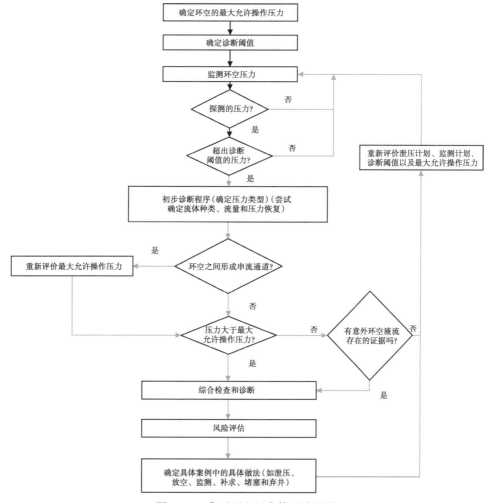

图 5-13　典型环空压力管理流程图

二、环空压力维持

当环空压力达到其上限值时，应对其泄压，以使环空压力保持在运行范围之内。当环空压力达到其下限值时，应对其补压。对每次环空泄压或补液作业，都要将环空中放出或添入的流体类型、总量、泄压所用的时间及所有环空压力和油压记录在案。在泄压时，还应监测并记录泄压的频率。然后将此类数据与极限值进行对比，若此类数据超出其极限值，则应对其进行调查。通常规定环空压力上限值不应超过套管环隙最大允许压力的80%，而且此上限值也不能等于或超过相邻外层环空的套管环隙最大允许压力。如环空压力超过此标准值，则应启动技术管理部门正式审批的变更管理程序，对其进行风险评估、消减和记录。

三、审查与变更

在井的整个寿命周期内，应对井况和其他区域数据、资料进行定期评审，以确保是否发生了某些需要对诊断压力值进行更新的变化。这些变化包括但不限于：

（1）在目标井或邻井上进行的泄压试验；

（2）在目标井或邻井上进行的压力试验；

（3）储层能量衰竭；

（4）地层变形；

（5）套管腐蚀；

（6）启动二次或三次采油作业；

（7）安装人工举升设备；

（8）井增产作业；

（9）井用途发生变化（例如生产井改为注水井）。

当井运行状况表明压力为持续带压或井屏障出现泄漏时，应制订环空压力控制范围审查程序，并依据审查结果对环空压力控制范围进行变更。在需要进行此类审查时应考虑以下因素：

（1）环空泄压或补压的频率；

（2）异常的压力趋势（表明环空流体泄漏或流体进入环空）；

（3）环空泄压或补压的流体总量；

（4）使用或回收的流体类型（油/气/钻井液）；

（5）压力超过环空最大允许压力和/或上限值。

审查应围绕以下方面内容进行：

（1）基于取样分析和与原始钻井液录井数据进行对比的"采指纹分析"结果，判断持续环空压力来源；

（2）压力源流体成分和孔隙压力；

（3）对从压力源到环空的流动通道（或相反的流动通道）进行评审；

（4）环空中的漏失率、可能的流体体积和流体密度变化；

（5）井的状况（剩余寿命）；

（6）环空中的内容物和液面高度；

（7）流入速度和（或）环空压力建立速度测试；

（8）套管鞋强度变化。

若持续带压环空出现缺陷，其上限值应进行风险评估，确保其相邻外环空承压能力能满足要求。

如果环空压力来源为气体时，并已通过以下手段确定来源：

（1）与原始钻井液录井数据进行对比的"采指纹分析"；

（2）以套管鞋强度和原始压力源孔隙压力为基础，对密封（地下）失效的风险进行评估。

在重新计算环空最大允许压力时，应考虑预计的液柱平均梯度的影响。

第四节　环空压力诊断

如果所观测到的套管环空压力不是由人为施加的，则此压力有可能是热效应套管压力、持续套管压力，或以上两种压力的联合体。如环空压力超过诊断压力值，则应对其进行评估。

一、诊断程序基本原则

压力在诊断压力值范围之内的环空，其机械完整性受到威胁的风险比较小，但应继续进行定期监测。

超过诊断压力值上限值的热诱导套管压力，应对其进行泄压以使其低于诊断压力值。这样便于将来对井内的持续套管压力进行诊断评估。

如果怀疑存在持续套管压力（即，不太可能是人为压力和热诱导压力），而且套管环空压力高于诊断压力值的上限值，则应采取措施以试图将压力泄放到0。如果持续套管压力能泄放到0，则表明井屏障泄漏的速度比较小且不需要采取补救措施。

关闭环空并监测压力恢复的速度，以进一步评估井屏障泄漏的特性。

如果持续套管压力不能泄放到0，则应进行进一步的评估或更频繁的监测。这并不表明由套管环空压力带来的风险是不可接受的，而是表明可能需要使用风险评估技术，根据具体情况对套管环空压力进行管理。可能需要对井进行作业，以降低或纠正套管环空压力。或采取其他措施缓解风险。

二、泄压/压力恢复分析方法

1. 泄压/压力恢复试验方法

若怀疑套管环空压力属于持续套管压力，则需要进行泄压试验和压力恢复试验。在进行试验以确定漏失速度时，应尝试将压力泄到0。在后续试验中，要确定压力是否能够恢复，以及恢复速度。应根据井的特征、硬件可用性、前期泄压试验和猜测的压力源等信息制定一套适用于具体油井的泄压/压力恢复试验程序。在确定泄压/压力恢复试验程序时，应考虑下列问题。

（1）套管环空压力评估试验应能够对压力高于诊断压力值的所有环空进行评估。

（2）将泄压/压力恢复试验的相关数据记录下来。

（3）应使用量程合适的压力表或压力记录设备进行试验。

（4）在某个环空中进行泄压/压力恢复试验时，应对相邻的套管环空进行监测，以确定是否存在套管—油管或套管—套管窜流通道。

（5）在泄压/压力恢复试验期间，应同时监测油压并将记录。如果在试验过程中，无法监测油压，则应记录此前最新观测到的压力并记录。

（6）在试验期间，应对任何外部施加的压力进行监测并记录，同时还要记录施加压力的原因和目的。

（7）如果井内安装了井下安全阀，则试验期间，安全阀应处于开启状态。

（8）应对所有压力进行连续记录或以有助于评估的频率进行记录。

（9）应通过规格合适的阀或油嘴，以安全的方式进行泄压。

（10）如果泄压期间产出了流体，则应详细记录流体类型和流体量。如果获取了流体样品，则应对样品成分进行分析，以帮助确定套管环空压力的来源。

（11）泄压时，应尽可能减少从某个环空中泄放的流体量。特别是环空中的高密度液体量，因为排出的流体可能会使环空中的高密度流体被低密度产出流体所取代，并因此降低环空静液柱压力。这种情况会使地面压力增高。

在泄压/压力恢复试验程序中应明确停止泄压标准，如压力降低到 0、已回收到足够数量的流体，和（或）到达一段预定时间（常用的最大累计时间是 24h）。

在泄压试验之后，应监测并记录在一段连续时间（通常情况下为 24h，或直到压力开始稳定、或压力恢复的变化速度达到平稳状态）之内的压力恢复速度。

可考虑将在试验期间泄放出的任何气体或液体替换成高密度盐水或其他合适的流体。在评估如何对泄放出的流体进行替换时，应充分考虑是否需要使用缓蚀剂和（或）除氧剂、滤失情况、套管（油管）抗外挤和内压性能、封隔器两侧的压差、套管鞋下方的地层破裂压力和回注流体的热膨胀问题等。

若无法将压力泄放到 0 或压力立即恢复，则可能预示着某个井屏障发生了破坏，造成意外环空流体流动（持续套管压力），这种情况下需要进行更多综合诊断工作。

2. 泄压/压力恢复试验分析

1）压力泄放到 0 之后未能恢复

如果将压力泄放到 0 后，未能在接下来的 24h 内恢复到其原始压力值，则环空压力源于热效应或泄漏速率非常慢的渗漏。此时，可认为用于封闭压力的井屏障仍然是有效的。

2）压力泄放到 0 之后恢复

如果将压力泄放到 0 之后，能够在接下来的 24h 之内恢复到其原始压力值或略低的数值，则说明环空中存在轻微泄漏。由于压力能够泄放到 0，泄漏速率是可以接受的，而且也可以认为封闭压力的井屏障是合格的。随后需要对该类井进行监测，观察井况是否会发生变化。还需要定期重新评估此环空，以确定井屏障是否仍然在可接受范围之内。

在开始试验时如果压力没有稳定下来或试验期间高密度环空流体被低密度地层流体所取代，造成静液柱压力降低，则有可能出现压力恢复值比原始压力值高的情况。

环空压力未能在接下来的 24h 之内恢复到其原始数值的原因有下列几种：

（1）泄漏速率非常小；

（2）在环空顶部有较大的气顶；

（3）一部分原始压力是由热效应造成的；

（4）泄压之后环空内有一整段液柱，随后随着小气泡缓慢迁移到环空顶部，压力会有所增加。

3）压力未能泄放到0

如果在24h内，压力未能泄放到0，表明漏失速度大于流体的泄放速度（在某个油嘴尺寸和较低的压差下）。则井屏障可能发生了部分失效，在某些特定情况下此漏失速度也是可以接受的。如果是在A环空中出现的，则需要进行更深入的调查，以查找出窜流通道和泄漏源，通常也需要制订出修理计划。如果是在套管间环空中出现的，由于可供使用的整改方案非常有限，需要综合考虑失效后果的严重程度和整个井屏障失效的可能性后确定是否进行修复或在将来采取其他措施。对于套管环空压力不能泄放到0的井，应根据具体情况做进一步的评估。

4）邻近环空的压力响应

如果在进行泄压或压力恢复试验期间，邻近的环空中出现了压力响应，则环空之间可能出现了窜流通道。

在生产油管与A环空串通的情况下，可通过压力泄放/压力恢复试验评估泄漏速度，在此基础上制定下步行动方案。如果能通过某个尺寸合适的油嘴将A环空的压力泄放到0，则认为井屏障可接受。此类井需要定期进行评估，以确定压力封闭井屏障的状况是否令人满意。若A环空与B环空串通，则认为生产套管不再能为地层压力提供有效的屏障效果。地层压力存在到达B环空的潜在可能性，而B环空可能无法承受这一压力。对于A环空与B环空串通的井，应根据具体情况做进一步的评估。

需要在井屏障破坏潜在后果和概率分析的基础上，对环空之间发生串通的情况进行评估。

三、热效应压力分析方法

1. 热效应压力评估方法

若怀疑环空压力是热效应压力，应制定一份试验方案来证明此压力是由热效应引起的，而不是持续套管压力。用来证明所观测到的压力属于热作用的典型试验方法如下。

（1）关井并监测环空，在不进行泄压的情况下，记录环空压力，若压力降低到0或接近0，则该压力为热效应压力。

（2）在恒定产量下生产时，泄放掉15%~20%的套管环空压力，监测环空并记录套管环空压力在24h之内的变化情况。如果套管环空压力增加，则应进行持续套管压力诊断试验。

（3）改变产量，监测环空，并记录套管环空压力的变化，分析套管环空压力与产量变化的相关性。

（4）在恒定产量下生产时，将套管环空压力增加10%~15%，监测环空并记录套管环空压力在连续24h之内的变化情况。如果套管环空压力减少，则应进行持续套管压力诊断试验。

此外，也可以单独使用预测模型，或结合使用有限关井时间或有限泄压或其他技术，来证明此压力是热效应压力而非持续性压力。

对于高温高压井，稍微提高产量就会使套管环空压力显著增加。泄放掉环空流体可为受热膨胀流体留下膨胀空间。在关井期间，随着井筒冷却下来，井筒内的流体会收缩并在套管环空中产生一段真空，这样就有可能使氧气进入环空并产生相应的腐蚀问题。在确定从环空中泄放出去的流体量时，应考虑该问题。

2. 热效应压力试验分析

1）关井状态

在关井并不泄压的情况下，套管环空压力降低到0（或接近0），则证明此压力属于热效应套管压力，而不是持续套管压力。

如果关井情况下套管环空压力降低到 0（或接近 0），当再次以关井前产量恢复生产后，套管压力恢复至比原先压力还要高的水平，则表明在井冷却期间，有少量流体泄漏进了环空。这种泄漏速度可能很小，而且所有井屏障仍然在可接受的程度之内。

如果关井期间，环空中的压力稳定在某个高于 0 的数值上，则表明在某个压力源和环空之间存在有窜流通道，或者是在环空中有人为施加的套管压力。在这种情况下，应进行附加的诊断试验。

2）改变产量

如果以恒定产量生产的井具有稳定的套管环空压力，则可以提高或降低产量。在改变产量之后：

（1）如果套管环空压力发生了相应的变化（增加或减少）并稳定在新的水平上，则表明环空压力是热效应套管压力，而不是持续套管压力。若存在窜流通道，而且环空中的压力与压力源之间取得了平衡，假如产量变化之前所观测到的压力是由泄漏造成的，则产量发生变化之后，环空压力与压力源之间会尝试重新回到平衡状态。

（2）如果套管环空压力发生了变化（增加或减少），但是会缓慢地趋近于产量变化之前的套管环空压力，并且不能在连续 24h 之内达到此压力值，则表明在环空和压力源之间存在有窜流通道，而且泄漏的规模可能很小。此时，可能还需要进行额外的分析或试验来确定是否存在窜流通道。如果套管环空压力发生了变化（增加或减少），但会迅速恢复到产量变化之前的套管环空压力，则表明在环空和压力源之间存在有窜流通道，而且泄漏的规模可能比较大。此时，可能需要进行额外的分析或试验来判定窜流通道，并确定泄漏状况是否在可接受的风险程度之内。

（3）如果 A 环空中的压力向着油压的方向变化，则表明在生产管柱和 A 环空之间存在窜流通道。例如，若产量下降，则流体流动温度会下降，而油压会增加。如果 A 环空中的压力增加，则油管和 A 环空之间存在窜流通道。这种情况下泄漏速度可能是令人无法接受的，应进行进一步的评估。

3. 改变套管环空压力

如果井以恒定的产量进行生产，可通过泄放掉 15%～20% 的套管环空压力，并对泄压套管环空进行压力监测。

（1）如果在 24h 内，压力稳定在新的较低水平上，则表明压力来源于热效应而不是泄漏。如果存在泄漏，则环空压力会和压力源之间建立起平衡。假如将一口恒定产量生产井的套管环空压力泄放掉一部分，若井中有窜流通道，则套管环空压力会增大至其原先的平衡压力。

（2）如果在随后的 24h 之内，压力会有所上升但低于其原始压力，则表明在环空和压力源之间存在有窜流通道，而且泄漏的规模可能比较小。需要进行附加的分析或试验，以判明窜流通道。

（3）如果在 24h 内，压力上升至其原始压力，则表明在环空和压力源之间存在窜流通道，而且泄漏的规模可能比较大。需要进行额外的分析或试验来判定窜流通道，并确定泄漏状况是否在可接受的风险程度之内。

如果井以恒定的产量进行生产，可通过增加 15%～20% 的套管环空压力，并对套管环空进行压力监测。

（1）如果压力在 24h 内稳定在新水平上，则表明压力是由热效应引起的，而不是泄漏引起的。如果井以恒定产量生产且存在窜流通道，当增大套管环空压力时，套管环空压力随后会下降至原先环空与压力源建立的平衡水平；

（2）如果在 24h 之内，压力有所下降但不会返回至其原始压力，则表明在环空和压力源之间存在有泄漏规模比较小的窜流通道。此时可能需要进行附加的调查，以判明窜流通道。

四、泄压/恢复测试后诊断

在完成环空泄压/压力恢复和热效应试验后，通常需要开展后续的诊断分析，典型的后续诊断分析包括环空泄压流体分析、油管泄漏位置定位、井口完整性分析等。

1. 分析放出的流体

可通过分析化验泄压试验期间泄放出的流体来确定其成分。如果从 A 环空中放出的流体与产出流体比较类似，则可能存在有油管泄漏现象。如果从 A 环空中放出的流体与产出流体不相同，而且也不同于存留在环空中的原始流体，则可能预示着套管发生了泄漏，或是环空与其他流体源之间有窜流通道。如果放出的流体中有气体，也可对放出的气体进行分析，以确定是否存在碳氢化合物、二氧化碳或硫化氢。将放出流体的化学分析报告与相关钻井记录（如测井资料或钻井液样品中的碳氢化合物化学分析）进行对比，以便确定放出流体的来源。对从外侧套管环空中放出的油或气进行化验分析，可能有助于确定流体的来源。如果对放出流体进行分析后表明流体来源是生产层，则应该进行进一步的分析，以确定这种状况的危险程度等级。

2. 油管泄漏定位

如果怀疑油管发生了泄漏，则可以在油管中下入堵塞器，将堵塞器以上的油管压力泄放掉，并对 A 环空中的压力进行监测。如果 A 环空中的压力有所下降，则表明泄漏位置位于堵塞器之上。如果油管泄漏发生在最下方的油管短节以下，则可以通过在不同的油管深度位置下入电缆堵塞器并进行油管试压来确定泄漏点位置。注意：早期的套管环空压力响应可能主要是由热效应造成的，因此需要等待足够长的时间，避免热效应的干扰。

3. 气举阀工作筒

如果井内安装了气举阀工作筒，应对隔离阀或工作阀的泄漏状况进行检查。判断生产油管和 A 环空之间是否存在有窜流通道或判断正在进行气举作业的井中是否出现了 A 环空套管泄漏现象。任何超出预期的气举压力或气举井性能变化，都应进行调查，以确定此类问题是否与窜流通道有关。

4. 井口完整性

对于判断存在持续环空带压的井，应首先开展井口泄漏情况诊断，必要时可由井口生产商选派有资质人员来进行井口密封完整性检查。

5. 生产、噪声和温度测井

不同的套管井测井方式，包括生产测井、噪声测井、温度测井、转子流量计测井等，都可用于辅助确定泄漏的来源或位置。

五、后续泄压/恢复试验

应按照环空压力管理计划中规定的频率进行额外的泄压和压力恢复试验。产生套管环空压力的初始条件并不是一种静态条件，因为冲蚀、腐蚀、沉积、周期性热作用等原因，环空与压力源之间的窜流通道可能会随着时间的增长而逐渐增大或严重化。应定期重新评估套管环空压力，以确定泄漏速度是否仍然在可接受的程度之内。所有后续泄压/压力恢复试验都应充分考虑其对井造成的潜在后果后进行。对持续带压环空进行泄压时，均会排出环空中的原始流体，若替之以不同的流体（可能是井内产出液）则可能会增大环空压力，并使问题的严重性迅速升级。如果进行泄压/压力恢复试验的次数过多，周期性应力变化还有可能对环空水泥环的密封完整性造成破坏。此类试验可能会在水泥环中产生拉伸应力裂缝。此类应力诱导裂缝会使造成环空中持续套管压力的地层流体流量和体积显著增大。因此，应对环空中水泥环的安全压力周期性条件予以考虑。

所有泄压试验都应经过周密计划，并以获取有价值的井况信息为目的。通常应按照下列情况实施后续套管环空压力评估试验：

（1）按照套管环空压力管理计划的相关内容，定期进行套管环空压力试验。后续试验应在存在持续套管压力、热效应套管压力和（或）人为施加套管压力的井上进行；

（2）在对井进行大修、侧钻或酸化增产作业之后；

（3）在两次例行的试验之间，发现了明显的套管环空压力变化；

（4）按照相关管理规定的要求。

第五节　监控和测试

应为所有可监控的环空制定一个监控计划。环空压力的任何变化，无论是压力增加还是减小，都可作为出现完整性问题的迹象。在井运行期间对井内油压和环空压力进行定期检测，可及早发现井屏障所面临的威胁或潜在泄漏屏障。对于井下无封隔器的井，A 环空压力的改变可能意味着井底压力或液面的改变。

为有效监控环空压力，需记录以下数据：

（1）添加到环空中，或从环空中排出的流体类型和容积；

（2）环空中的流体类型及其特性（包括流体密度）；

（3）压力监测及其趋势；

（4）监测设备的校准和功能检查；

（5）运行变化。

如情况允许，在环空中安装压力监控仪器的部位维持一个较小的正压（各环空可能不同），助于探测环空中的泄漏。在出现下列情况时，应明确环空压力测试的需求或采用其他井完整性验证手段：

（1）井的功能发生变化，如从生产井改成注入井等；

（2）套管穿透含水层，存在套管外部腐蚀的风险；

（3）缺少正压监测的证据。

应明确环空压力监控和监测的频率。在确定压力监测的频率时，必须要考虑如下因素：

（1）预计的温度变化和影响，尤其是在开关井的时候；

（2）超过环空最大容许压力或设计载荷范围的风险；

（3）持续环空带压的风险；

（4）管理需求；

（5）环空压力调节的响应时间；

（6）有足够的数据以探明压力变化趋势，并探测异常压力；

（7）腐蚀性流体的破坏作用（即硫化氢和氯化物等）；

（8）控制管线/注入管线的运行特征（例如化学品注入管线、尺寸、操作压力等）；

（9）用于注入作业的环空；

（10）井的功能发生变更，例如从生产井改为注入井等；

（11）套管穿透含水层，存在套管外部腐蚀的风险。

第六节　持续环空压力管理

持续环空压力是环空压力泄放后能在较短时间内恢复的环空压力，该压力不是因温度变化或人为施加引起的。

在建井阶段，保证良好的井筒质量（科学合理的设计，安全可靠的固井、完井、射孔、改造等施工作业）是预防持续环空压力最有效的方法。

在生产阶段，出现持续环空带压需采取必要的措施或手段来削减和控制风险。

对出现持续环空带压的井，应对所有的环空进行实时监控。

应保存环空压力数据和操作的历史记录，便于环空带压井的分析和评估。至少应对以下几个方面进行记录并保存：

（1）连续的环空压力数据；

（2）操作前后的环空压力；

（3）操作的时间和方法；

（4）流体类型；

（5）从环空中泄放或补充的流体量和流体性质；

（6）对其他环空和油管的压力影响情况。

若需要对环空进行泄压，应考虑以下几点：

（1）如果由于腐蚀和冲蚀原因导致持续环空带压，泄压操作有可能会使带压情况恶化；

（2）若泄压可能造成环空压力升高或环空内烃类流体量增加，则不能进行泄压；

（3）环空压力管理程序应进行优化，以减少泄压操作的次数和泄放的流体量；

（4）在环空泄压后应评估是否用流体将环空补满；

（5）当地面控制系统不能正常使用时，应建立起相应的操作应急预案。

对环空压力异常井进行分析时，重点考虑以下几个方面。

（1）如果环空压力出现异常，应分析压力异常的原因，同时还要评估泄漏的特点、原因、机理和位置。

（2）在评估泄漏途径和压力源时，通常采用排除法，也可以采用其他的方法进行评估。泄漏量的测量或估算对评估持续环空带压非常重要。

（3）在确定泄漏原因及可能产生的后果时，应尽可能对压力异常环空中流体的组分尤其是烃含量进行测定。另外，对存在 H_2S、CO_2 和放射性等特殊流体的情况，要评估持续环空带压恶化的风险。

（4）在确定井泄漏原因的基础上，需要对井屏障进行分析，确定可能的泄漏通道；结合已经确定的环空压力操作范围，评估目前的井屏障能否有效阻挡油气，分析可能产生的后果，进而综合评估井的风险。

对持续环空带压井管理，应确定持续环空带压的报警值和许可值。在对井泄漏的可能性和井的整体风险进行评估时，依据风险可接受准则，确定其风险是否可接受，并制定监控生产、修井等措施（按照井分级的要求处理）。

思 考 题

1. 讨论环空带压的定义和分类。

2. 针对一口生产井，分别采用 API RP 90、API RP 90-2、ISO 16530-2 和中国石油完整性标准推荐方法进行各环空最大允许压力计算。

3. 讨论环空压力控制范围图中各压力值的作用。

4. 讨论环空压力诊断测试方法。

5. 针对典型泄压资料，开展环空压力和井完整性状况分析。

第六章　钻　　井

钻井的主要目的是建立地下油气藏和地面的连通通道，钻井作业开始于井开钻，结束于准备完井或弃置作业。钻井期间须重点做好井身结构、井控、钻井液、套管柱、固井等设计工作。从设计、准备、施工、检验等环节对井屏障部件严格把关，建立安全可靠的井屏障，确保各井屏障部件在钻井阶段及后期试油完井至油气井生产过程中的安全可靠。

钻井作业中井屏障的基本要求如下：

（1）表层钻井时，钻井液柱作为唯一的井屏障，应确定合理的密度；

（2）表层套管固井后应安装防喷器，并同时具备两道有效井屏障；

（3）同一钻井液密度无法兼顾两个以上压力系统时，宜下入套管；

（4）在储层中作业，钻柱中应至少安装两个有效的内防喷工具。

第一节　井屏障示意图

应针对钻井作业的各典型工序绘制井屏障示意图，通过井屏障示意图来描述钻井作业过程中的第一井屏障和第二井屏障及其组成部件。钻井阶段典型井屏障示意图见表6-1。

表 6-1　钻井作业的井屏障示意图

序号	钻井作业工况	备注	参考
1	表层钻进		图 6-1
2	钻进、取心钻进、起下钻杆等（可剪切）		图 6-2
3	起下钻铤、取心工具等（不可剪切）		图 6-3
4	下套管、固井作业		图 6-4
5	欠平衡钻井		图 6-5
6	测井		图 6-6
7	过油管侧钻		图 6-7
8	空井		图 6-8

井屏障部件	测试要求	监控要求
第一井屏障		
钻井液		
第二井屏障		

注：表层钻进中只有钻井液一道屏障。

图 6-1　表层钻进井屏障示意图

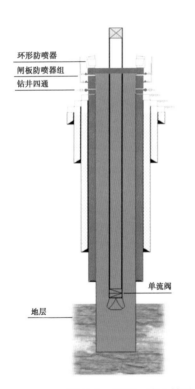

井屏障部件	测试要求	监控要求
第一井屏障		
钻井液		
第二井屏障		
地层		
套管		
套管外固井水泥环		
套管头		
套管挂及密封		
钻井四通及阀门		
钻井防喷器		
内防喷工具		

注：正常情况下应关半封闸板；达到使用剪切闸板条件时，应关闭剪切闸板。

图 6-2　钻进、取心钻进和起下钻杆等（可剪切）井屏障示意图

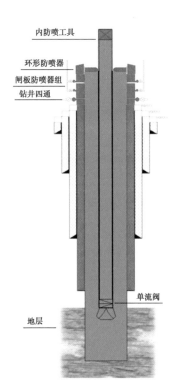

井屏障部件	测试要求	监控要求
第一井屏障		
钻井液		
第二井屏障		
地层		
套管		
套管外固井水泥环		
套管头		
套管挂及密封		
钻井四通及阀门		
钻井防喷器		
内防喷工具		

图6-3　起下钻铤、取心工具等（不可剪切）井屏障示意图

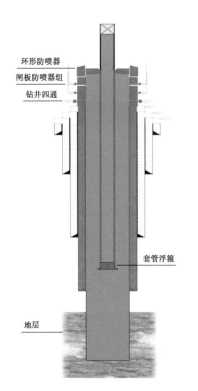

井屏障部件	测试要求	监控要求
第一井屏障		
钻井液		
第二井屏障		
地层		
套管		
套管外固井水泥环		
套管头		
套管挂及密封		
钻井四通及阀门		
钻井防喷器		
待固井套管		
套管浮箍		

图6-4　下套管、固井作业井屏障示意图

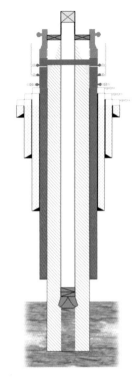

井屏障部件	测试要求	监控要求
第一井屏障		
钻井液		
套管*		
套管外固井水泥环*		
套管头*		
套管挂及密封*		
钻井四通及阀门*		
钻井防喷器*		
旋转控制头		
节流阀		
钻杆		
单流阀		
第二井屏障		
地层		
套管*		
套管外固井水泥环*		
套管头*		
套管挂及密封*		
钻井四通及阀门*		
钻井防喷器*		

注：
A.由于井内欠平衡，所以存在共用屏障部件，*表示。
B.正常情况下应关半封闸板；达到使用剪切闸板条件时，
应关闭剪切闸板。

图 6-5 欠平衡钻井井屏障示意图

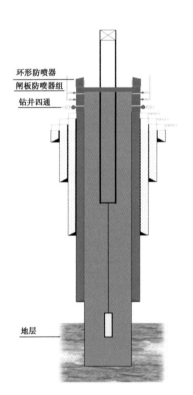

井屏障部件	测试要求	监控要求
第一井屏障		
钻井液		
第二井屏障		
地层		
套管		
套管外固井水泥环		
套管头		
套管挂及密封		
钻井四通及阀门		
钻井防喷器		
内防喷工具		

图 6-6 测井工况下井屏障示意图

116

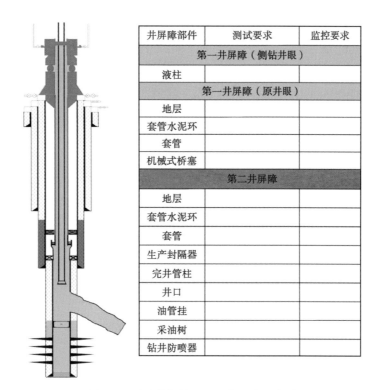

井屏障部件	测试要求	监控要求
第一井屏障（侧钻井眼）		
液柱		
第一井屏障（原井眼）		
地层		
套管水泥环		
套管		
机械式桥塞		
第二井屏障		
地层		
套管水泥环		
套管		
生产封隔器		
完井管柱		
井口		
油管挂		
采油树		
钻井防喷器		

图 6-7　过油管侧钻工况下井屏障示意图

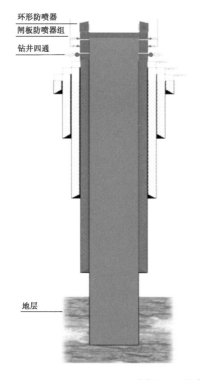

井屏障部件	测试要求	监控要求
第一井屏障		
钻井液		
第二井屏障		
地层		
套管		
套管外固井水泥环		
套管头		
套管挂及密封		
钻井四通及阀门		
钻井防喷器		

图 6-8　空井状态下的井屏障示意图

第二节　典型井屏障部件

针对钻井阶段不同作业工况特点，通过建立安全可靠的井屏障部件来满足各工况下两级井屏障要求，确保钻井阶段各工况的井完整性，同时，为后续的测试、完井、生产至弃井提供井屏障支撑。

仅用于钻井阶段的井屏障部件包括钻井液、防喷器、井控管汇和内防喷工具等，钻井阶段建立的水泥环、地层、套管柱和套管头等屏障部件，不仅是钻井阶段的重要井屏障部件，还是后续作业和生产阶段的井屏障部件。

通过规范井屏障部件的设计、测试和监控要求，以建立有效的井屏障，以确保钻井施工期间井完整性，并为后续全生命周期的施工和生产过程的井完整性提供有效支撑。

一、钻井液

钻井液作为屏障部件，在井筒内形成的液柱压力能阻止地层流体侵入井筒。

1. 设计

设计前应充分了解地层条件和钻井需求，依据相关法规、标准和规范的要求进行钻井液设计，不同的井况、工况条件也会对钻井液提出不同的要求，高温高压井钻井液性能通常须满足以下要求。

（1）确定合理的钻井液密度，确保液柱形成有效的井屏障。

①为保证液柱压力能阻止地层流体侵入井筒，钻井液密度应按当量密度或压力值进行附加。若按照当量密度附加，气井通常需附加 $0.07 \sim 0.15 g/cm^3$、油（水）井通常需附加 $0.05 \sim 0.10 g/cm^3$；若按照压力值附加，气井通常需附加 $3.0 \sim 5.0 MPa$、油（水）井通常需附加 $1.5 \sim 3.5 MPa$；

②对于高含硫地层，考虑到气体侵入危害更大，通常要求按上限进行密度附加；

③对于易塌地层，应根据坍塌压力，结合破裂（漏失）压力，合理确定钻井液密度；

④对于压力敏感性地层，以平衡地层压力原则，合理确定钻井液密度；

⑤对于实施控压钻井等特殊工艺的井，以能够和井口装置一起建立有效井屏障的原则，合理确定钻井液密度。

（2）钻井液基本性能要求。

①良好的流变性能，能有效降低抽汲/激动压力，降低循环压耗；

②良好的高温稳定性，应充分考虑温度对密度、黏度的影响，宜绘制温度—密度关系图版，方便现场操作；

③良好的抗污染能力，有效降低地层水、水泥浆等污染；

④高密度钻井液应具备良好的悬浮稳定性，加重剂选用应考虑对管柱、管线的磨损和冲蚀。

（3）特殊层段钻井液应满足以下要求。

①对于高含硫井，要明确除硫剂品种及用量，通常要求维持 pH 值 $9.5 \sim 11$，并监测钻井液中除硫剂的残留量；

②在盐岩层、钾盐层、复合盐岩层或石膏层，宜使用盐水或油基钻井液，密度应能有效抑制缩径，油基钻井液应具备良好的电稳定性，并维持适当的碱度；

③钻遇高压水层，应进行测压，采取提密度、控压等措施压稳；

④对于易漏地层，根据地层漏失特点合理选择防漏堵漏材料和堵漏方式；

⑤小井眼段、窄密度窗口井段，可使用随钻测压（PWD）技术实时优化水力参数，降低压耗和抽汲/激动效应。

（4）应按相关井控规定储备足量的加重钻井液、加重材料及处理剂。

2. 测试和监控

在使用前应测定钻井液主要性能参数，确保符合设计要求。在作业过程中应做好监测工作，钻井液监测基本要求包括：

（1）落实坐岗制度，做好循环罐液面监测，在易漏高风险地层钻进，宜安装环空液面监测仪；

（2）发现溢流立即关井，怀疑溢流关井检查；

（3）每12h测钻井液全套性能，油气层钻进除综合录井自动记录外，每15min人工测量一次黏度和进出口密度，发现异常加密测量；

（4）油气层应坚持短程起下钻检测油气上窜速度，起钻前应充分循环，进出口钻井液密度差通常要求小于0.02g/cm³。

二、地层

非渗透性的地层可作为屏障部件，阻止地层流体侵入井筒或其他地层。

1. 设计

作为井屏障部件的地层，须满足以下基本条件：

（1）该地层为非渗透层；

（2）远离裂缝或断层区域；

（3）地层破裂压力大于最高作业压力；

（4）水泥环或水泥塞胶结良好。

2. 测试和监控

应全面收集岩石性能参数，以确保钻井、测试、完井、生产/注入和弃井等阶段的井完整性。地层完整性通常无法直接监控，主要监测工作为地层完整性测试，地层完整性测试方法取决于测试目的。最常用的测试方法为地层承压试验和地层破裂试验。其中，地层承压试验的目的是确定地层能否承受指定压力，地层破裂试验的目的是获取地层破裂时承受的压力和漏失过程中的压力。

三、水泥环

水泥环作为井屏障部件，能阻止地层流体流动，并支撑套管。

1. 设计

为保证水泥环的可靠性，设计前应充分了解地层条件和固井作业需求，依据相关法规、标准、规范和井况工况特点进行固井水泥浆和固井工艺设计。为提高水泥环胶结质量，高温高压井固井设计通常需满足以下基本要求。

（1）各层套管水泥返高及水泥塞要求：

①各层套管水泥浆均宜返至井口；

②生产套管固井应留有良好的底塞，推荐底塞高度为50~100m；

③生产套管不推荐使用分级箍；

④生产套管应连续封固，不允许留密闭液体段。

（2）应采用平衡压力固井方法，保证返高和压稳，防止窜流。达不到要求的应采取但不限于以下技术措施：

①提高地层承压能力堵漏；

②环空憋压候凝；

③使用管外封隔器；

④多凝水泥浆；

⑤平衡压力的前置液和隔离液。

（3）应进行提高顶替效率的仿真模拟设计及采取提高固井质量的保证措施：

①套管居中设计及仿真模拟；

②"U"形管效应控制及设计仿真模拟；

③套管下入及摩阻模拟设计；

④前置液冲洗及顶替效率设计仿真模拟试验；

⑤水泥浆体系（包括前置、隔离液）的抗污染实验；

⑥油基钻井液固井使用专用冲洗隔离液（加入润湿反转剂），接触时间应不少于10min；

⑦良好的井眼质量和钻井液流动性能；

⑧控制油气上窜速度；

⑨可追溯的固井施工自动记录数据；

⑩生产套管固井宜使用批混装置。

（4）水泥浆及水泥石设计要求：

①生产套管水泥浆必须满足高温稳定性及防气窜的要求；

②膏盐层固井应使用盐水水泥浆或抗盐水泥浆；

③水泥石应进行改造作业和生产期间失效评价，并提出水泥石的力学性能要求；

④温度超过110℃的井，水泥石强度应具有抗高温衰退能力。

2. 测试和监控

（1）生产套管和技术套管应及时进行水泥胶结测井。目的层/储层上部井段通常要求具有连续25m以上优质胶结段。若水泥环既是第一井屏障又是第二井屏障的一部分，通常要求有2段连续25m优质胶结段。

（2）油气水层尾管固井钻塞中若发现后效，宜进行验窜，找准泄漏点，并采取补救措施。

四、套管柱

套管柱是避免地层和井筒间流体互窜的屏障部件之一，主要由套管、浮鞋、浮箍等组成。

1. 设计

应依据相关法规、标准、规范和井况工况特点进行套管柱设计，对于高温高压井，通常还应考虑以下因素。

（1）套管选型设计：

①根据区域地质特点，应制定专门的套管订货技术条件；

②应考虑 H_2S、CO_2 等酸性气体的影响；

③气井生产套管和最内层技术套管采用气密封扣；

④生产套管设计时应考虑井下安全阀安装要求；

⑤套管附件的材质、扣型和强度应与套管相匹配。

（2）应对套管的以下受力工况载荷进行明确分析，并识别出套管柱的薄弱点：

①井涌允值；

②套管掏空情况；

③塑性地层（盐膏层、软泥岩等）；

④下套管的动态载荷；

⑤固井施工参数；

⑥套管试压情况；

⑦压井载荷；

⑧生产管柱泄漏；

⑨密闭空间的温度效应；

⑩其他作业（如生产、压裂、射孔、注水等）。

（3）高温高压井管柱强度设计应考虑螺纹密封因素，定向井、大位移井和水平井的管柱强度设计应考虑弯曲应力。

（4）在膏盐层等塑性地层，该层段套管抗外挤载荷计算取上覆地层压力值，且该段高强度套管柱长度在膏盐层段上下通常要求至少附加100m。

（5）应使用带顶部密封的尾管悬挂器。

（6）应确定合理的设计安全系数：

①应考虑腐蚀、磨损、疲劳、弯曲、经济和井寿命等因素的影响；

②应考虑温度升高引起的强度降低；

③生产套管应考虑接头效率（拉伸与压缩），并与套管进行等强度设计；

④套管设计应进行抗外挤、抗内压、抗拉和三轴应力校核，典型设计安全系数见表6-2。

表6-2 典型套管设计安全系数推荐表（套管本体）

参数	安全系数	备注
抗内压	1.05~1.15	
抗外挤	1.00~1.125	
轴向力	1.6~2.0	
三轴	1.25	

注：应考虑接头拉伸和压缩状况下的密封效率，按厂家提供的数据进行校核。

2. 测试和监控

（1）套管试压宜在注水泥碰压后立即进行，试压值通常取套管抗内压强度值、浮箍正向试验强度值和套管螺纹承压状态下剩余连接强度最小值三者中最低值的55%，通常要求稳压10min，无压降为合格。

（2）未碰压的井，试压不合格的井和尾管固井套管柱试压应在固井质量评价后进行。通常要求稳压30min且压降不大于0.5MPa为合格。

（3）试压值应考虑套管磨损情况，并对磨损进行检测和评估；若软件模拟结果超过了允许值，根据需要进行测井评估。

五、套管头

套管头及四通、升高短节、转换法兰等是套管与防喷器组合之间的重要连接部件。其下端用于悬挂套管，并且密封套管环形空间，其上端用于连接井口防喷器等设备。

1. 设计

套管头选用通常应参照以下基本要求：

（1）各开次套管头的额定工作压力应大于最大关井压力，并考虑一定的安全余量；

（2）应根据酸性介质含量选用相应材质的套管头；

（3）每级套管头应带压力表和旁通阀；

（4）套管头应由专业队伍安装、试压，每次安装后应使用防磨套，并制定检查、更换的操作程序；

（5）套管头应满足各开次内控管线能够从钻机底座防喷管线出口平直接出的要求。

2. 测试和监控

（1）送井前，套管头应按额定工作压力试压；

（2）套管头安装后需进行注塑试压，试压值通常按该层套管抗外挤强度的80%和法兰额定工作压力两者的较小值进行；

（3）按照厂家推荐作法对套管头、四通等部件进行定期维护；

（4）钻井作业过程中应监测各环空的压力情况；

（5）在生产过程中，套管头应和井下安全阀、采油树一起进行定期测试。

六、套管挂

套管挂用来悬挂套管柱，防止套管和环空之间的泄漏。

1. 设计

套管挂及其密封总成设计的基本要求包括：

（1）高温高压气井优先选用金属密封的芯轴式悬挂器；

（2）套管挂材质与套管头相匹配，螺纹类型与套管保持一致；

（3）套管挂安装前，应使用防磨套对套管挂密封区进行保护；

（4）套管挂应当采用顶丝锁定，确保在正常作业和井控作业时的密封完整性，坐挂载荷应考虑温度效应。

2. 测试和监控

（1）套管挂安装完成后应注塑试压，试压值通常为套管抗外挤强度的80%与本次套管头下法兰额定强度二者间的较小值；

（2）应遵照制造商推荐的维护程序进行定期维护；

（3）应在井口各层套管头安装压力表，以监测密封状态。

七、防喷器

防喷器是用于钻井、测试、完井、修井等作业过程中关闭和密封井筒，防止井喷事故发生。

1. 设计

防喷器的设计应满足油公司井控标准和规范要求（如油田企业的井控实施细则），高温

高压井防喷器通常应满足以下基本要求:

(1) 选择满足井控需要的井控装备,并明确井控装备的配套、安装和试压要求;

(2) 各开次井控装备选择应与预计最大关井压力相匹配,预探井目的层通常安装 70MPa 及以上压力等级的井控装备;

(3) 最后一层技术套管固井后至完井应安装剪切闸板防喷器。应配齐环形、全封、剪切、半封闸板防喷器,根据需求可选用旋转控制头,并配齐相应的闸板芯子;

(4) 应根据需要对防喷器配置进行风险评估;

(5) 下套管前,应换装与套管尺寸相同的半封闸板,下尾管作业可不换装套管闸板,但应准备好相应防喷钻杆;

(6) 当起下不可剪切部件时,应配备防喷单根或防喷立柱。

2. 测试和监控

(1) 防喷器在车间及现场均应试压,由专业队伍负责,并提供自动记录生成的试压记录单备查。

(2) 防喷器试压频率应满足以下要求:

①从车间运往现场前;

②现场每次安装后;

③钻开油气层前,试压间隔已经超过 30 天;

④其他时间试压间隔已经超过 100 天,确因特殊情况可延迟 7 天;

⑤凡密封部位拆装后,应对所拆开的部位重新试压检验。

(3) 在井控车间应进行低压密封试验,推荐试压值 1.4~2.1MPa,通常要求稳压时间不小于 10min,密封部位无渗漏,通常要求压降不大于 0.07MPa。

(4) 现场用清水(冬季用防冻液体)对井控装备进行试压,外观无渗漏,通常要求压力降不大于 0.7MPa 为合格。

①环形防喷器封钻杆通常按照额定工作压力的 70%试压,通常要求稳压 30min;

②通常在不超过套管柱最小抗内压强度 80%的前提下,闸板防喷器试额定工作压力,通常要求稳压 30min;

③旋转控制头试静压和旋转动压时,通常要求分别按其额定工作压力的 70%试压,通常要求稳压 10min。

(5) 防喷器控制系统现场安装调试完成后应对各液控管路通常要求进行 21MPa 压力检验(环形防喷器液控管路通常要求试压 10.5MPa),通常要求稳压 10min,管路各处不渗不漏,通常要求压降不大于 0.7MPa 为合格。

(6) 需要防冻保温包裹的井控装备,应在试压合格后进行。

八、井控管汇

井控管汇包括节流管汇、压井管汇、内控管线和放喷管线,主要用于节流、泄压、实施压井、吊灌钻井液以及放喷点火等。

1. 设计

井控管汇的设计应满足油公司井控标准和规范要求(若油田企业的井控实施细则),高温高压井井控管汇通常应满足以下基本要求:

(1) 压井管汇、节流管汇高压区的压力级别应与闸板防喷器一致。

（2）高温高压井节流管汇备用一条节流控制通道，应安装远程操作节流阀。

（3）基于冲蚀和其他考虑，节流口的公称直径通常要求至少为76.2mm，压井口的公称直径通常要求至少为50.8mm。

（4）节流管汇仪表法兰上应预留套压传感器接口，安装相应量程的压力表及传感器。

（5）按标准使用放喷管线：

①通常要求出口应接至距井口100m以上的安全地带；

②含硫井采用抗硫材质；

③严格按照井控规定安装。

2. 测试和监控

（1）试压值与闸板防喷器相同；低压区部分按额定工作压力试压，通常要求稳压30min。

（2）放喷管线通常均试压10MPa，且通常要求稳压10min。

（3）反循环压井管线通常要求试压25MPa，通常要求稳压10min。

（4）每次试压或使用完要立即吹扫，液气分离器应及时排净钻井液，高密度压井结束应检查节流阀及下游冲蚀情况。

（5）根据需要对节流、压井管汇及内控管线采取防冻保温措施。

九、内防喷工具

钻具内防喷工具包括方钻杆上/下旋塞、顶驱旋塞、箭形止回阀、浮阀、防喷单根等。主要作用是防止钻井液沿钻柱水眼向上无控制运移。

1. 设计

钻具内防喷工具的设计应满足油公司井控标准和规范要求（如油田企业的井控实施细则），高温高压井钻具内防喷工具通常应满足以下基本要求：

（1）钻井作业应安装方钻杆上/下旋塞或顶驱旋塞；

（2）钻柱中应按井控规定安装止回阀，安装位置宜靠近钻头；

（3）内防喷工具的压力等级通常要求不低于所使用的闸板防喷器；

（4）钻具止回阀的外径、强度应与相连接的钻具相匹配；

（5）钻台上应配备下旋塞、止回阀、防喷立柱或防喷单根；使用复合钻具时，应配齐与钻杆尺寸相符的内防喷工具。

2. 测试和监控

（1）应制定内防喷工具的现场维护、保养、操作程序，定期对内防喷工具检查、保养、更换。

①内防喷工具通常要求每使用100天必须进行探伤检测，旋塞、钻具止回阀、浮阀通常要求每使用100天必须进行试压检验；

②方钻杆上、下旋塞正常作业过程中通常要求每班开关活动旋塞1次，通常要求每15天内对旋塞试压检查一次，推荐试压压力20MPa，通常要求稳压5分钟且压降小于0.7MPa。

（2）内防喷工具的强制报废时限通常为：

①方钻杆上旋塞和液压顶驱旋塞累计旋转时间达到2000h；

②顶驱手动上旋塞累计旋转时间达到1500h；

③下旋塞、钻具止回阀、浮阀累计旋转时间达到800h。

第三节 需特殊考虑因素

一、地层孔隙压力

准确的孔隙压力预测对钻井设计和作业至关重要。对于没有钻探的新区块，通常应用地震反演法进行孔隙压力预测。对于已钻探区块，可根据钻杆测试（DST）、重复地层测试（RFT）、模块化地层动态测试（MDT）资料，并结合测井资料进行较精确的预测。

高温高压环境下，孔隙压力预测的不确定性大，尤其对于窄密度窗口钻井，井控风险较高，因此推荐采用随钻测量（LWD/PWD）方法来提高预测精度。

二、地层破裂压力

准确的破裂压力预测对钻井施工的安全和经济性至关重要，尤其对于异常压力地层和目的层，大量漏失可能导致严重井控风险。地层破裂压力通常要求综合使用地层承压试验、地破试验和延伸地破试验数据来预测。在窄密度窗口条件下，预测结果对井完整性影响更大，使用岩石力学方法可以提高预测精度，降低预测误差导致的作业风险，要综合考虑安全风险、钻井难度、成本等因素来确定是否使用该方法。

三、浅层气

所有井均应进行浅层气风险评估，并制定削减措施，主要考虑以下几个方面：
（1）评估浅层气存在的可能性及作业风险，必要时调整井位；
（2）制定钻遇浅层气的操作程序和井控程序；
（3）对于丛式井，已投产井的生产可能引起浅层气温度升高，要评估其对钻井作业的影响。

如果满足下面任何一个条件，则必须考虑潜在的浅层气风险：
（1）没有邻井；
（2）在邻井中探测到浅层气，且发现浅层气的地层是该井将要钻穿的地层；
（3）从地震资料显示可能存在浅层气；
（4）地震解释结果中存在异常，可能显示存在天然气。

四、井眼轨迹

井眼轨迹对井眼防碰、优化固井、管柱强度设计、管柱防磨、地质建模、救援井钻井等具有重要作用。

对需要防碰监测的井，应实时监测与相邻井的距离，通常采用最小曲率法或其他方法，并保证测量结果不受邻井磁性材料干扰。

工程方案设计和技术措施应考虑井眼轨迹质量对下套管、固井、套管强度、套管磨损以及后续作业的影响，并制定相应的技术措施。

必须确定两个井眼之间可以接受的最小间隔以及减小风险的措施，钻进过程中应随时了解井眼的位置（参数井）及其与邻井之间的距离。如果两个井眼之间的间隔小于可以接受的最小间隔，针对不同的可能接触点情况 NORSOK D010 推荐的措施建议见表6-3。

表 6-3　井眼之间间隔和建议措施

可能接触的点	建议措施
不具备井屏障部件功能的套管	（1）在两个井眼之间的间隔小于可以接受的最小间隔之前，应对参数井中返出的岩屑进行分析，确定水泥和（或）金属含量。 （2）对于邻井中可到达潜在接触点的环空，应对环空加压并监测压力变化，从而发现钻头钻穿的情况。如果不能做到这一点，应采用其他的方法，如噪声检测
具备井屏障部件功能的套管或生产尾管	如上所述，且应停止邻井的生产/注入，应通过关闭井下安全阀/环空安全阀，或下油管堵塞器，打桥塞或打水泥塞的方式确保邻井安全。在预测接触点以下安装井屏障必须进行评估

五、特殊地层预测和评估

应对断层、盐膏层、高压水层、漏层、高研磨地层等特殊层段进行预测和评估。

应对储层流体性质（油、气、水）、腐蚀性物质（H_2S、CO_2 等）含量及井段进行预测和评估。

六、其他

高温高压井在完钻和投入生产前，无法预测和评估所有的技术问题，为应对作业过程中面临的诸多挑战，须编制详细和严格的设计。

应建立探井完成后的井完整性评估程序，评价其是否具备投产条件。

思 考 题

1. 根据钻井设计资料，绘制井钻井施工各阶段的井屏障示意图。
2. 讨论钻井阶段的典型井屏障部件。
3. 讨论钻井液作为井屏障部件的设计、测试和监控要求。
4. 讨论水泥环作为井屏障部件的设计、测试和监控要求。
5. 讨论套管柱作为井屏障部件的设计、测试和监控要求。
6. 讨论防喷器作为井屏障部件的设计、测试和监控要求。
7. 讨论钻井阶段需要特殊考虑的井完整性因素。

第七章 测 试

测试作业开始于钻完最后一段裸眼井段并且进行了测井，结束于实施压井并起出测试管柱。测试期间原则上应有两道井屏障，并且具备以下四种功能：
（1）测试管柱能够配合防喷器实现井筒的关闭；
（2）测试管柱能截断且能实现井筒的密封；
（3）能够进行循环压井作业；
（4）整个作业过程中测试管柱能够提供循环通道。

第一节 井屏障示意图

应针对测试作业的各典型工序绘制井屏障示意图，通过井屏障示意图来描述测试作业过程中的第一井屏障和第二井屏障及其组成部件。测试阶段典型井屏障示意图见表7-1。

表7-1 测试作业的井屏障示意图

序号	钻井作业工况	备注	参考
1	铣喇叭口/刮壁/通井/钻磨/打捞/下射孔管柱作业（可剪切）	尾管固井完钻	图7-1
2	铣喇叭口/刮壁/通井/钻磨/打捞/下射孔管柱作业（可剪切）	裸眼完钻	图7-2
3	铣喇叭口/刮壁/通井/钻磨/打捞/下射孔管柱作业（不可剪切）	尾管固井完钻	图7-3
4	铣喇叭口/刮壁/通井/钻磨/打捞/下射孔管柱作业（不可剪切）	裸眼完钻	图7-4
5	起射孔管柱（可剪切）	尾管固井完钻	图7-5
6	起射孔管柱（不可剪切）	尾管固井完钻	图7-6
7	起下测试管柱（可剪切）		图7-7
8	排液测试		图7-8
9	地层压力恢复测试		图7-9

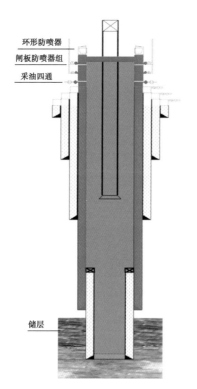

井屏障部件	测试要求	监控要求
第一井屏障		
压井液		
第二井屏障		
地层		
套管		
套管外固井水泥环		
套管头		
套管挂及密封		
采油四通及环空阀门		
测试防喷器		

图 7-1　铣喇叭口/刮壁/通井/钻磨/打捞/下射孔管柱作业（可剪切，尾管固井完钻）

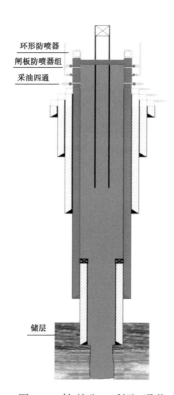

井屏障部件	测试要求	监控要求
第一井屏障		
压井液		
第二井屏障		
地层		
套管		
套管外固井水泥环		
套管头		
套管挂及密封		
采油四通及环空阀门		
测试防喷器		

图 7-2　铣喇叭口/刮壁/通井/钻磨/打捞/下射孔管柱作业（可剪切，裸眼完钻）

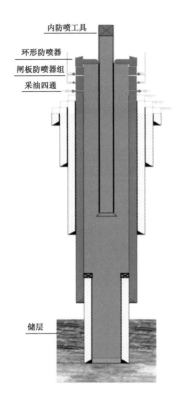

井屏障部件	测试要求	监控要求
第一井屏障		
压井液		
第二井屏障		
地层		
套管		
套管外固井水泥环		
套管头		
套管挂及密封		
采油四通及环空阀门		
测试防喷器		
内防喷工具		

图 7-3　铣喇叭口/刮壁/通井/钻磨/打捞/下射孔管柱作业（不可剪切，尾管固井完钻）

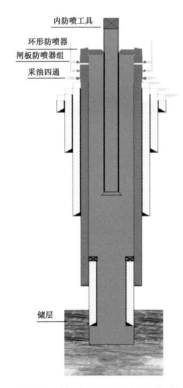

井屏障部件	测试要求	监控要求
第一井屏障		
压井液		
第二井屏障		
地层		
套管		
套管外固井水泥环		
套管头		
套管挂及密封		
采油四通及环空阀门		
测试防喷器		
内防喷工具		

图 7-4　铣喇叭口/刮壁/通井/钻磨/打捞/下射孔管柱作业（不可剪切，裸眼完钻）

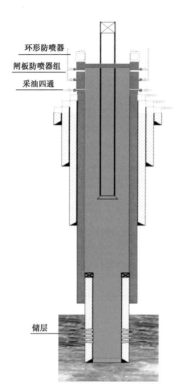

井屏障部件	测试要求	监控要求
第一井屏障		
压井液		
第二井屏障		
地层		
套管		
套管外固井水泥环		
套管头		
套管挂及密封		
采油四通及环空阀门		
测试防喷器		

图 7-5　起射孔管柱（可剪切）

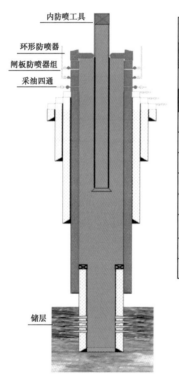

井屏障部件	测试要求	监控要求
第一井屏障		
压井液		
第二井屏障		
地层		
套管		
套管外固井水泥环		
套管头		
套管挂及密封		
采油四通及环空阀门		
测试防喷器		
内防喷工具		

图 7-6　起射孔管柱（不可剪切）

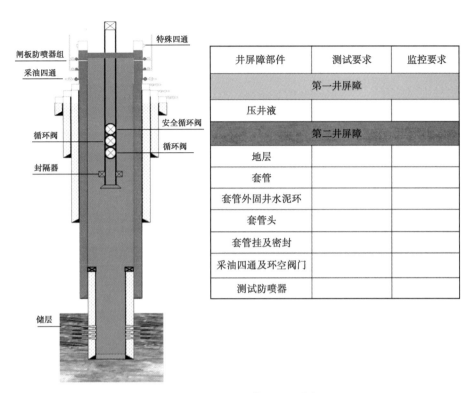

井屏障部件	测试要求	监控要求
第一井屏障		
压井液		
第二井屏障		
地层		
套管		
套管外固井水泥环		
套管头		
套管挂及密封		
采油四通及环空阀门		
测试防喷器		

图 7-7 起下测试管柱（可剪切）

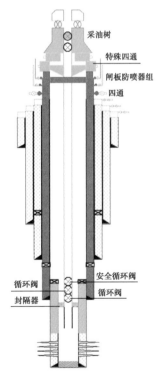

井屏障部件	测试要求	监控要求
第一井屏障		
地层		
尾管		
尾管外固井水泥环		
测试封隔器		
测试管柱		
特殊四通		
油管挂及密封		
测试采油树		
第二井屏障		
地层		
套管		
套管外固井水泥环		
套管头		
套管挂及密封		
采油四通及环空阀门		
测试防喷器		

图 7-8 排液测试

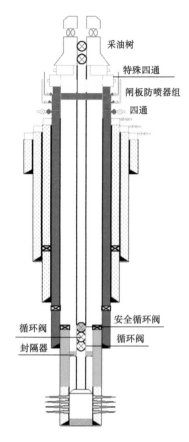

井屏障部件	测试要求	监控要求
第一井屏障		
地层		
尾管		
尾管外固井水泥环		
测试封隔器		
测试油管柱（安全循环阀和测试封隔器之间）		
安全循环阀		
第二井屏障		
地层		
套管		
套管外固井水泥环		
套管头		
套管挂及密封		
采油四通及环空阀门		
测试防喷器		

图 7-9 地层压力恢复测试

第二节 典型井屏障部件

一、测试井口

常用的测试井口有采油树、钻台采油树及控制头。

1. 采油树

1）设计

采油树的设计应至少具备以下功能：

（1）可进行绳缆或连续油管作业；

（2）70MPa采油树通常要求配备液动阀，105MPa及以上采油树通常要求配备液动阀，且具备远程控制功能；

（3）采油树的两翼均应预留安装压力和温度传感器的接口；

（4）油管挂主密封应采用金属对金属密封；

（5）所有连接、阀本体等应具备防火能力。

2）安装

按扭矩对称上紧盖板法兰（油管帽）与油管头（多功能四通）之间的螺栓。对盖板法兰（油管帽）试压至额定工作压力，通常要求稳压30min且压降不大于0.7MPa。再对采油树所有螺栓重复紧扣检查。

3）测试

采油树在送井前应在有资质的单位按照流体流动方向、模拟现场从内到外逐个阀门（平板阀）进行水压和气压的高低压试压。低压试压值通常要求不大于3.5MPa且稳压30min，通常要求压降不大于0.7MPa且表面无渗漏为合格，高压试压按额定压力进行，通常要求稳定30min、压降不大于0.7MPa且表面无渗漏为合格；其中，进行气密封高低压试压时，还要求稳压期内无连续气泡。采油树安装完成后应进行试压，试压要求如下。

（1）安装完成后试压。

对采油树进行液体试压（按照需要对阀门逐个进行试压），试压压力不低于预计最大工作压力，冬季应考虑选用防冻液体，通常要求稳压30min、压降不大于0.7MPa且表面无渗漏为合格；条件具备时，按照预计井口最大关井压力进行气密封试压，通常要求稳压30min、压降不大于0.7MPa且表面无渗漏为合格。

（2）若采油树上安装有液动阀，则应对采油树上的液动阀及控制系统进行功能测试，液动阀关闭时间通常要求不超过5s。

（3）所有测试结果、后续处理措施应留存记录以供查询。

安装后的功能测试包括：

（1）检查采油树各压力表的显示，并做好记录；

（2）检查采油树阀门手轮转动是否灵活及阀门的开关性能；

（3）检查螺栓连接的松紧程度，各法兰连接间隙是否渗漏、均匀；

（4）检查阀门注脂接头、阀盖钢圈、尾盖钢圈是否渗漏；

（5）检查各顶丝的松紧程度，是否存在泄漏；

（6）检查采油树闸阀带压情况下的开关灵活性。

2. 钻台采油树

1）设计

钻台采油树设计要求参见采油树。特殊之处在于油管头没有两翼的闸阀部分，两个主阀之间用升高短节连接。典型钻台采油树结构示意图如图7-10所示。

升高短节应采用法兰短节，主通径应与采油树主通径一致，材质、压力等级应不低于采油树本体，应根据需要加工成不同长度（如0.5m、1.2m、2.4m等）。

2）安装

钻台采油树安装在闸板防喷器上法兰上，安装时的其他要求参见采油树。

3）测试

参见采油树的测试要求。

3. 控制头

1）设计

控制头的压力、温度级别选用应参照采油树标准，材质根据地层产出流体选用。控制头有单翼控制头（图7-11）和双翼控制头（图7-12）两种类型。常用控制头基本参数见表7-2。

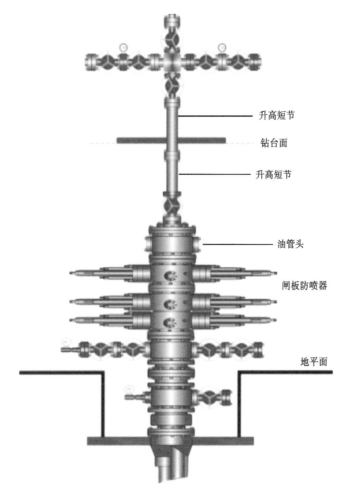

图 7-10　钻台采油树结构示意图

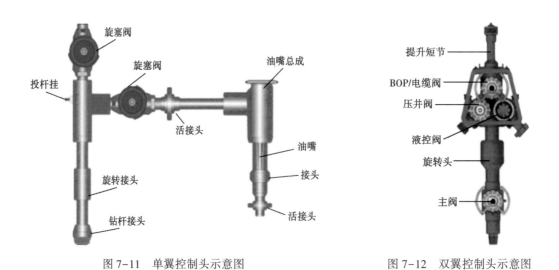

图 7-11　单翼控制头示意图　　　　　图 7-12　双翼控制头示意图

表 7-2　常用控制头基本参数表

工作压力 MPa	工作温度 ℃	最大提升负荷 kN	最小主通径 mm
70	−29~121	1500	57
105		2000	

2）安装

以控制头为主的地面控制装置由控制头、油嘴管汇和活动管汇三部分组成，控制头连接在测试管柱最上部，控制管柱内压力和流体，控制头按照的基本要求包括：

（1）安装时必须保证设备的额定工作压力和试压值超过实际施工压力；

（2）防喷器闸板尺寸必须与测试管柱匹配，且按井控规定试压合格；

（3）确保控制头上的阀开关灵活、可靠；

（4）控制头及活动管汇必须牢靠地悬挂在吊环上，防止掉落；

（5）所有活接头都要涂上润滑脂并上紧，不允许在有压力的情况下锤击活接头；

（6）活动管汇的长度要考虑上提、下放管柱的需要，并用绳索固牢，防止悬空或在活动钻柱时撞击钻台；

（7）在压井阀一翼应安装单流阀，以防止压井时井内流体倒流。

（8）管线内有压力时必须缓慢打开或关闭阀门。

3）检测

试压时应排除空气，擦干外表。油井试压介质为清水、气井时还需进行气密封试压，试压值为额定工作压力，通常要求稳压时间 30min、压降不大于 0.7MPa 且无变形，活动件灵活为合格。

二、工作液

当工作液的液柱压力可以平衡地层压力时可作为一道井屏障，反之则不能单独作为井屏障，且在其上部必须另有一道物理屏障（如防喷器、采油树）。

1. 测试工作液

1）密度

测试工作液密度设计应结合油管及套管承压能力、工具操作压力、测试压差等，并符合以下要求：（井口最高操作压力+套管内液柱压力−套管外液柱压力）≤套管最小剩余抗内压强度/套管抗内压安全系数；（套管外液柱压力−套管内液柱压力）≤套管最小剩余抗外挤强度/套管抗外挤安全系数；（套管内液柱压力−油管内压力）≤油管抗外挤强度/油管抗外挤安全系数；

2）热稳定性

根据地层温度、测试时间调整工作液的配方，要求测试期间液体性能稳定，不变质，不沉淀，并且其性能应通过相关实验进行验证。

3）配伍性

工作液不能与其他入井流体相互影响，形成沉淀或发生性质的变化。工作液性能不应受地层流体的影响，若地层流体中含有 H_2S，应调整工作液 pH 值并适当添加除硫剂。

2. 压井液

（1）压井液密度设计需要考虑压井液安全附加值、储层物性和储集空间、压井液性能、油层套管抗内压强度等因素。

（2）确定压井液密度时应考虑压井液密度对井口操作压力的限制，需要综合考虑地层压力及油层套管强度，优化压井工艺，合理调整压井液密度和套压控制，确保井筒安全。

三、测试管柱

测试管柱主要包括油管（或钻杆）及其测试工具。测试管柱作为一个屏障部件，其作用是提供地层流体到地面的流动通道。

1. 设计

1）管柱设计

测试管柱设计应满足以下要求：

（1）高压气井测试管柱部件（管体和接头）必须具备气密封功能，若使用常规钻杆测试应考虑其气密封的局限性；

（2）需计算测试管柱的工况载荷，依据最恶劣工况进行管柱应力分析，据此进行管柱配置；

（3）确定管柱的最薄弱点。

需定义安全系数，安全系数选取应考虑温度、磨损、疲劳和屈曲等对管柱的影响。在测试设计中，管柱力学分析和强度校核应给出测试各工况下的油、套压控制参数。

油管（或钻杆）选择还应考虑：

（1）所要承受的拉伸和压缩载荷；

（2）抗内压能力和抗挤毁能力；

（3）外径的间隙应考虑落鱼打捞的要求；

（4）管柱内的流速（包括压裂酸化工况）；

（5）流体中的腐蚀、冲蚀介质组分；

（6）抗弯曲能力；

（7）抗疲劳能力；

（8）管柱材料应适用于其所接触的地层流体或注入流体；

（9）温度效应导致的管材强度降低。

钻台上应根据入井管串类型准备内防喷工具及与管串连接的变扣接头。

2）规格及材质选择

（1）规格。

管柱外径选择应考虑工具通过性和处理井下复杂（落鱼打捞等）的要求；管柱内径选择应满足储层改造、排液和测试的要求。

（2）材质。

管柱材质的选择应考虑氢脆、酸性气体腐蚀、管柱震动磨损、冲蚀等因素。作业中管柱震动产生的磨损及地层出砂对管柱内壁的冲蚀等，都会减少管柱的服役寿命，给安全生产带来隐患。

2. 检测

（1）无损检测；

（2）管柱入井前应做无损检测；

（3）上扣扭矩；

（4）使用液压管钳（定期校核）按推荐或最佳扭矩上扣，对上扣扭矩数据进行存档；

（5）气密封检测。

采用气密封扣油管的测试井，宜在入井时对封隔器以上的每个连接扣进行气密封检测，应综合考虑管柱抗内压强度、管柱下入工况下的三轴应力强度及设计安全系数、井口最高关井压力和气密封检测设备的允许最大检测压力来确定实际检测压力值。带有试压阀的测试管柱，在管柱入井后可对管柱进行试压以了解管柱的承压能力。

四、井下工具

测试井下工具包括测试封隔器、测试阀、循环阀、安全循环阀、压力计等，井下工具选择应符合以下要求：

（1）井下工具的温度级别应根据测试期间预测的最高温度确定，压力级别应根据预测的最高地层压力和最高施工压力中的最大值来确定。

（2）井下工具的材质应根据井筒内的腐蚀环境选用防硫、防CO_2材质，如果需要进行储层改造，应使用防酸材质或在改造工作液中添加缓蚀剂。选材时还应避免工具材质与油管材质发生电化学反应。

（3）高温高压井中，井下工具的接头应选用气密封接头，并且工具的组合应在满足测试目的的前提下尽可能简单，避免造成后期作业复杂情况。

1. 尾管管外封隔器

尾管管外封隔器的本体带有坐封时可激活的环空密封部件，它的主要作用是密封套管和尾管之间的环空，并能承受来自上部和下部的压力。

回接封隔器如果作为屏障部件，也应符合以下设计、测试和监控要求。

1）设计

尾管管外封隔器是测试作业中的井屏障部件，必须满足以下设计要求：

（1）如果尾管管外封隔器的坐封位置下部有含气地层，则应依据相关标准进行气密封试压和验证；

（2）尾管管外封隔器必须按照整个服役过程中所需承受的最大压差和最高井底温度进行设计。除此之外的其他井底因素，如地层流体、H_2S 和 CO_2 含量等，也应在封隔器使用寿命设计中予以考虑；

（3）由于井下温度变化、交变载荷导致的封隔器密封失效风险必须予以评估；

（4）尾管管外封隔器坐封位置应避开套管接箍；

（5）选用的尾管管外封隔器应具有避免提前坐封的功能，并且在坐封前能进行旋转。

2）测试和监控

尾管管外封隔器坐封后，需从上部对其进行试压。试压压力应取以下较小值：

（1）外层套管鞋处或潜在泄漏位置下部的地破压力+7MPa；

（2）套管的试压压力。

测试作业中，如果替液液体密度低于原钻井液密度，则在替液之前需要对尾管和尾管管外封隔器进行负压测试，负压测试应考虑以下问题：

（1）负压测试应有一定的安全余量。一般负压值应比替测试液静压低 3～5MPa 以上，

但应考虑套管和尾管外水泥环的承压能力;

（2）应保证足够的负压测试时间，超深井通常要求至少 300min；

（3）负压测试管柱要带井下压力计及井下测试阀精确测量压力的实时变化；

（4）负压测试合格标准需要考虑温度效应。

当尾管管外封隔器安装在测试封隔器的上部时，其密封性能可以通过井口 A 环空压力来实时监控。

2. 测试封隔器

1）设计依据

测试封隔器设计应满足以下要求：

（1）封隔器可以坐封在尾管悬挂器上部，也可以坐封在尾管内。建议坐封位置尽量选择在尾管悬挂器上部，这样尾管与套管重合段的泄漏将不会影响井完整性。如果封隔器坐封在生产尾管悬挂器之下，尾管悬挂器应进行负压测试。

（2）封隔器应能承受来自其上部和下部的压力。

封隔器通常要求能承受的最大压差满足以下计算中的最大值：

（1）封隔器以下井筒堵塞，井口压力很低，同时环空压力很高时的挤毁压力；

（2）最大储层压力（预测值）或注入时井底压力减去封隔器上的静液柱压力；

（3）在油管泄漏情况下，最大压差等于井口关井压力加上环空静液柱压力，再减去储层压力；

（4）油管柱掏空时，最大压差为井下测试阀的开启压力加上环空静液柱压力。

通常要求依照相关标准要求，对测试封隔器进行入井前的地面测试。该测试应在未胶结固井的标准套管中进行。

测试封隔器可以使用可取式封隔器，但应进行风险评估和失效模式分析。具备条件时建议使用永久式封隔器。

对坐封位置处的套管应进行磨损评价和刮壁处理，确保测试封隔器在套管中的密封性。

2）封隔器坐封位置选择

封隔器坐封位置应尽量靠近测试层顶部，坐封段优先选择套管外固井质量连续中—优，通常要求避开套管接箍 2m 以上。采用悬挂尾管完井方式时，封隔器坐封位置优先选择坐在尾管悬挂器上部；若封隔器坐封在尾管内，应根据井完整性评价结果确定是否对尾管悬挂器进行负压验窜。

3）检测与确认

（1）服务方应提供有关检测文件，并填写检查清单。

（2）工具、接头应配齐相应的试压合格证随工具一起送井，现场监督应按照检查清单对到井设备进行检查并签字确认。

（3）测试封隔器在坐封后应进行试压，试压值应考虑以下因素：

①试油封隔器在坐封后应进行试压，试压方法和试压值按工具的使用要求进行；

②试压值可以考虑正常生产或作业过程中可能承受的最大压差；

③试压值要考虑套管的抗内压强度和套管头的额定工作压力。

测试封隔器的密封性应能通过井口 A 环空压力来实时监控。

3. 其他井下工具

其他井下工具包括井下测试阀、伸缩接头、取样工具、震击器等。所有井下工具的强度应不低于与之连接的管柱本体，相应密封件温度等级应不低于地层温度。

井下测试阀安装在靠近测试封隔器的上部，其主要功能包含：

（1）可用来关井做地层压力恢复测试；

（2）可用来在紧急情况下实现井下关井；

（3）配合循环阀可实现循环压井；

（4）隔离测试管柱测试阀上下，可实现管柱内的液体密度不同于井眼内液体密度。

1）设计

井下测试工具设计设计应满足以下要求：

（1）通过地面操作环空压力来控制井下测试工具；

（2）能够承受来自其上部和下部可能的最大压力，设计安全系数不低于测试管柱的整体设计安全系数。

2）检测与确认

（1）室内准备。

①井下测试工具应在现场安装前按流动方向进行试压和功能测试，试压值为其额定工作压力，压力稳定且保持 10min 不变。

②维护保养与试压：检查井下测试工具上下螺纹，确认完好无损；按相关规定试压合格并做好记录。

③准备好配件及相应配合接头，并填写上井清单。

④库房根据上井清单填写设备性能卡，上井人员核实工具编号与设备性能卡编号是否一致；填写检查清单。

⑤所有上井工具都要按照检查清单对到井工具、仪器进行检查并签字确认。工具、接头、设备配齐相应的试压合格证；配套资料必须随工具一起送井。

（2）现场检查。

①现场对井下测试工具进行内外径的测量，确认是否与井筒匹配，并做好相关记录；

②现场监督对到井工具、仪器进行检查并签字确认。

3）测试和监控

井下测试阀应在现场安装前按流动方向进行试压和功能测试，试压值为其额定工作压力，压力降至稳定后至少保持 10min 不变，此时稳定后的压降值不超过试压值的 2%。

可通过油管的压力、液面、流体流动来监控阀的密封性能。

第三节　需特殊考虑因素

一、井筒压力温度预测

测试作业过程中工况转换频繁，井筒温压场处于瞬态变化中，对井筒温度压力的精确预测是测试井屏障部件设计、工艺设计的重要基础，可参考邻井测温数据，采用数值模拟的方式来进行温压场预测，测试井需考虑以下几方面：

（1）射孔引起的动态负压；

（2）测试井井筒封闭空间的压力变化；

（3）由于焦耳—汤姆逊（J—T）效应形成水合物；

（4）反向焦耳—汤姆逊（J—T）效应可能导致生产时的井底温度比储层温度高；

（5）温度对井下仪器、工具、工作液性能等的影响；

（6）温度变化导致的设备疲劳影响。

二、高温高压井

在高温高压井测试作业风险相对常规井更大，需要特别注意以下几点：

（1）井筒压力温度条件及井内流体特性对金属密封件密封能力的影响；

（2）井筒温度和压差对井屏障部件设计要求；

（3）弹性密封件和组件在井内流体环境和温压环境下暴露时间对质量退化的影响；

（4）封隔液的选择和设计，包括预防水合物的生成；

（5）水泥强度退化；

（6）封闭空间热致环空带压问题；

（7）温度、压力和作业时间对射孔弹稳定性的影响。

三、负压测试

在使用欠平衡流体替出井内的过平衡流体之前，必须对生产尾管和管鞋进行负压测试。应遵守以下要求：

（1）负压试验值应包含一个安全附加值，可以在进行负压试验时使用比封隔液轻的流体来实现；

（2）确定负压试验合格标准时应考虑热效应；

（3）应使用封隔液对生产套管试压至油井设计压力；

（4）应对油井测试封隔器进行试压，试压通常要求从低于最大压差的压力试压至最大压差+10%的压力；

（5）必须在储液罐中备好压井液，储备液量通常要求为替出井内全部流体所需液量再加上+50%的余量。

思　考　题

1. 根据测试设计资料，绘制井钻井施工各阶段的井屏障示意图。

2. 讨论测试阶段的典型井屏障部件。

3. 讨论测试井口作为井屏障部件的设计、测试和监控要求。

4. 讨论测试工作液作为井屏障部件的设计、测试和监控要求。

5. 讨论测试管柱作为井屏障部件的设计、测试和监控要求。

6. 讨论测试阶段需要特殊考虑的井完整性因素。

第八章 完 井

完井是油气井钻达设计井深后，使井底和油层以一定结构连通起来的工艺。是钻井工作最后一个重要环节，又是采油工程的开端，在安装好采油树、完成对井屏障的测试并将油井交接给采油部门之后完井阶段结束。与以后生产、注入及整个寿命周期内各后续作业紧密相连。

完井期间原则上应有两道井屏障，并且满足以下要求：

（1）所有的井屏障部件必须能够承受环境载荷（温度、压力、化学腐蚀、应力腐蚀、机械磨损、冲蚀、振动等）；

（2）所有的生产井或注入井都必须安装采油树；

（3）完井管柱上须安装井下安全阀；

（4）完井管柱和套管或尾管之间须安装生产封隔器；

（5）环空隔离液必须对其接触的井屏障部件具有兼容性；

（6）油管挂内必须有与背压阀相匹配的螺纹；

（7）管柱设计应考虑能够安装油管内堵塞器；

（8）采油树上必须安装井口油压连续监控传感器，传感器的控制系统能够报警；

（9）采油树上应配备 A 环空压力连续监控传感器，该传感器（控制系统）能够设置安全操作压力范围，传感器的控制系统能够报警；

（10）所有其他环空都必须安装压力表并确定安全操作压力范围；

（11）完井设计中应考虑流动保障问题，如腐蚀、出砂、结蜡、结垢、冲蚀、单质硫沉积、水合物等。

第一节 井屏障示意图

应针对完井作业的各典型工序绘制井屏障示意图，通过井屏障示意图来描述完井作业过程中的第一井屏障和第二井屏障及其组成部件。完井阶段典型井屏障示意图见表8-1。

表8-1 完井作业的井屏障示意图

序	描述	备注	参考
1	下完井管柱（可剪切）		图8-1
2	下完井管柱（不可剪切）		图8-2
3	换装井口（防喷器拆除后，采油树安装前）		图8-3
4	生产封隔器坐封在尾管内		图8-4
5	生产封隔器坐封在尾管悬挂器上		图8-5
6	泵注作业（井下安全阀）		图8-6
7	泵注作业（安装了采油树隔离工具）		图8-7

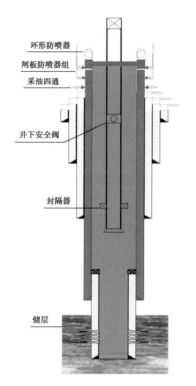

井屏障部件	测试要求	监控要求
第一井屏障		
压井液		
第二井屏障		
地层		
套管		
套管外固井水泥环		
套管头		
套管挂及密封		
采油四通及环空阀门		
防喷器		

图 8-1　下完井管柱（可剪切）

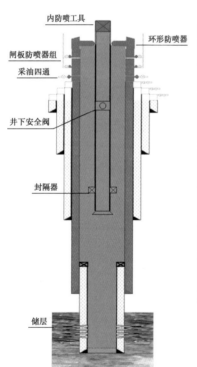

井屏障部件	测试要求	监控要求
第一井屏障		
压井液		
第二井屏障		
地层		
套管		
套管外固井水泥环		
套管头		
套管挂及密封		
采油四通及环空阀门		
防喷器		
内防喷工具		

图 8-2　下完井管柱（不可剪切）

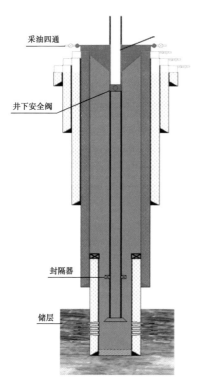

井屏障部件	测试要求	监控要求
第一井屏障		
压井液		
第二井屏障		
地层		
套管		
套管外固井水泥环		
套管头		
套管挂及密封		
采油四通及环空阀门		
油管挂及密封		
油管（油管挂和井下安全阀之间）		
井下安全阀		

图 8-3　换装井口（防喷器拆除后，采油树安装前）

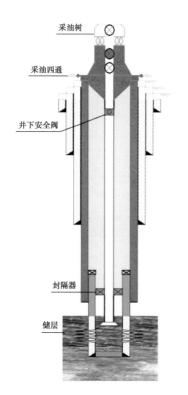

井屏障部件	测试要求	监控要求
第一井屏障		
地层		
尾管		
尾管外固井水泥环		
生产封隔器		
油管（封隔器和井下安全阀之间）		
井下安全阀		
第二井屏障		
地层		
套管		
套管外固井水泥环		
套管头		
套管挂及密封		
采油四通及环空阀门		
油管挂及密封		
采油树（液动主阀）		

图 8-4　生产封隔器坐封在尾管内

143

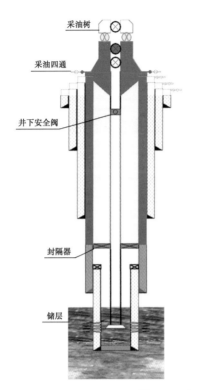

井屏障部件	测试要求	监控要求
第一井屏障		
地层		
套管		
尾管外固井水泥环		
生产封隔器		
油管（封隔器和井下安全阀之间）		
井下安全阀		
第二井屏障		
地层		
套管		
套管外固井水泥环		
套管头		
套管挂及密封		
采油四通及环空阀门		
油管挂及密封		
采油树（液动主阀）		

图 8-5　生产封隔器坐封在尾管悬挂器上

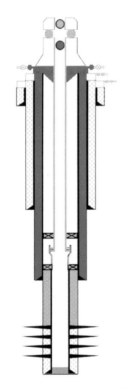

井屏障部件	测试要求	监控要求
第一井屏障		
地层		
尾管水泥环		
尾管		
生产封隔器		
完井管柱		
油管挂		
采油树		
第二井屏障		
地层		
套管水泥环		
套管		
井口		
油管挂		
采油树		

图 8-6　泵注作业（井下安全阀）

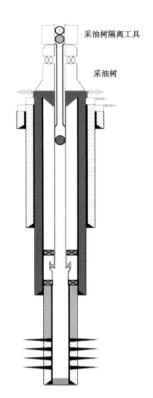

井屏障部件	测试要求	监控要求
第一井屏障		
地层		
尾管水泥环		
尾管		
生产封隔器		
完井管柱		
采油树隔离工具		
第二井屏障		
地层		
套管水泥环		
套管		
井口		
油管挂		
完井管柱		
井下安全阀		

图 8-7　泵注作业（安装了采油树隔离工具）

第二节　流 动 保 障

　　流动保障关系到一口井的高效开发、使用寿命和经济效益。生产过程中的水合物、出砂、结蜡和沥青沉积、结垢等问题会影响井的正常生产。冲蚀和腐蚀会导致井内管柱、井口设备、地面管线的破坏，引起环空带压、管线刺漏等问题，带来极大的安全隐患。

一、出砂

　　地层出砂是一个带有普遍性的复杂问题，而其中弱固结或固结砂岩油层，产量较高、裂缝发育、地应力较高、地层出水的砂岩气层，出砂现象尤为严重。

　　利用测井资料和室内岩石力学实验数据做好岩石力学参数的计算和校正；利用测井资料、室内岩石力学实验数据、现场测试数据计算地层压力并进行校正；利用测井资料、室内岩石力学实验数据、现场地破实验计算地应力并进行校正；在此基础上计算地层最小出砂压差。

　　对于地层胶结疏松、易垮塌的油气井，如不需要大规模增产改造即可获得工业油气流，可下入防砂筛管防砂；如需进行大规模增产改造，可选用防砂压裂工艺。如果没有采取主动防砂工艺，依据生产初期出砂的严重程度及出砂类型，结合出砂预测的计算结果，确定合理的生产压差，并进行配产，减小地层出砂量并降低地层砂对管柱及地面的冲蚀。

二、结蜡、沥青质、结垢

　　含蜡质的油井及凝析气井在生产期间随温度压力降低会析出蜡并堆积在管线内壁，蜡沉积严重时会堵塞管柱及地面设备，造成停产等问题。针对这些问题要进行完整性评估，制定具体的防范和清除措施。

三、腐蚀

腐蚀是指在一定环境下金属发生化学或者电化学反应而受到破坏的现象，目前主要的防护方式是选择耐蚀材料。对于高含酸性介质油气井，需要由专业技术人员通过实验选择合理的耐腐蚀材料或选择合理的缓蚀剂。

四、水合物

依据烃类组成、盐水含量及矿化度、系统的温度压力剖面就可以预测水合物的形成，构建水合物形成区域的相图并采取措施防止水合物的生成，如清除某种组分（例如烃类或水）、升高温度或降低压力、加入化学抑制剂等，也可以采用井下节流的方式或地面加热装置来防止水合物生成。

五、单质硫

高含硫气藏开发过程中可能发生硫沉积，发生硫沉积时可采用调整气井工作制度、加热和加溶硫剂等措施。

第三节　典型井屏障部件

一、采油树

1. 设计与安装

1）设计

采油树设计应满足以下要求：

（1）根据地层流体产出时温度和周围环境温度确定采油树温度级别，通常要求考虑近30年内极端环境低温。常用采油树温度级别见表8-2。

表8-2　常用采油树温度级别

温度级别	作业温度范围,℃	
	最低	最高
K	-60	82
L	-46	82
N	-46	60
P	-29	82
R	室温	
S	-18	60
T	-18	82

温度级别	作业温度范围,℃	
	最低	最高
U	−18	121
V	2	121
X	−18	180

（2）根据最大井口关井压力和最大井口施工压力两者中最大值确定采油树的压力级别。

（3）根据地层流体性质、温度、产量、H_2S 和 CO_2 分压综合选择采油树的材料级别。

（4）高压、超高压气井采油树的性能级别要求为 PR_2。

（5）高压、超高压气井采油树的产品规范级别要求为 PSL3G，其他类型的规范级别要求为 PSL3。

（6）采油树的配备要求：

①超高压井应在井的油气流动通道上至少安装一个液动阀；

②可进行绳缆或连续油管作业；

③根据需要配备控制管线的穿越孔，控制管线的穿越孔上应安装截止阀；

④两翼均应预留安装压力和温度传感器的接口；

⑤油管挂主密封应采用金属对金属密封；

⑥所有连接、阀本体等应具备防火能力。

2）安装

采油树的安装测试采油树的安装要求。

2. 测试

采油树在送井前应在有资质的检测机构按照流体流动方向进行高低压试压，高压气井应进行气密封试压。低压试压压力最大为 3.5MPa，高压试压压力为额定工作压力。

采油树上的液动阀应进行功能测试，并且验证阀门在可接受的关闭时间内能否关闭。

采油树系统应定期按照厂家的维护保养程序进行维护。

采油树的完整性可以通过油压来监测。

采油树在生产阶段应定期进行试压，可以和井下安全阀一起进行，试压要求如下：

（1）试压频率。

采油树安装完成后应对井口装置进行试压。

（2）压差。

阀门应该进行高压试压，高压试压压力为最大工作压力。

（3）可接受泄漏率。

在有资质的检测机构试验过程中，阀门对液体和气体均不允许泄漏。在生产阶段的定期测试中，阀门试压应满足在 15min 内压降不超过试压压力的 5% 的条件，否则应进行维修。

二、油管挂

油管挂的功能是悬挂油管及其所带工具，同时防止油管和环空之间的泄漏。油管挂主要包括本体、密封、穿越通道以及带有能放置背压阀的内腔。

1. 设计

油管挂设计应满足以下要求：

（1）油管挂和井口之间的主要密封应是金属对金属密封，并且非金属密封作为辅助密封；

（2）油管挂的金属材料应适用于所处环境条件和各种应力工况；

（3）油管挂应采用顶丝锁定；

（4）特殊工况可以使用有限元分析方法验证工况条件是否超出油管挂的额定技术条件。

2. 测试和监控

油管挂安装后应对所有密封分段试压至额定工作压力。

油管挂的密封性应能通过井口 A 环空压力来实时监控。

三、完井液

完井液优先选用无固相液体体系，以尽可能减少地层伤害。完井液的设计应遵循以下原则：

（1）具备良好的传压能力，可重复利用；

（2）与不同工作液体体系、裸眼井段中或射孔作业后暴露的地层、地层流体等有较好的配伍性；

（3）密度应考虑作业期间环空压力操作及长期生产、关井等需要；

（4）防腐性能指标应满足与之接触的油管、套管、井口、井下工具等的防腐要求。

四、完井管柱

完井管柱是油气生产的通道，要求在包括完井、储层改造及长期生产在内的整个井生命周期内保持完整性，不会发生渗漏、变形、破裂等异常情况。

1. 完井管柱设计原则

总原则首先要形成一道合格安全的井屏障，其次工艺方法适用、易于操作兼顾高效经济，满足油气长期生产需要。

1）管柱简化原则

管柱在满足油气生产需要的前提下尽可能简化，必要时甚至要减少和牺牲部分功能，或通过其他方式实现。如压井功能，可以通过在油管内实施射孔开孔来提供压井循环通道。

2）强度优化原则

为降低完井成本同时满足长期安全生产的要求，深井一般会采用多种规格的油管组合，因此在设计阶段采用等剩余强度方法进行管柱初步设计。等剩余强度是指每一段油管的抗拉强度减去累计重量后的剩余抗拉强度大致相同。

3）通径最大原则

选择安全阀、封隔器等井下工具时，除应考虑与套管内径相适应外，应尽量争取最大通径，以利于生产测井、连续油管冲砂等作业顺利实施。

4）防腐蚀

高压高温高含硫井大多处于严重腐蚀环境，为保证管柱的长期完整性，应充分考虑材料的耐腐蚀性能。根据需要，管柱应具备缓蚀剂注入功能。

5）其他特殊要求

对于含蜡的凝析气井，在完井管柱设计时应考虑满足后期清蜡作业的要求，如不下入井下安全阀或下深井安全阀为机械清蜡创造条件；或下入高压化学注入阀以便注入溶蜡剂。

对于地层可能出砂，而又未采用防砂筛管完井的井，可考虑在完井管柱下部设计沉砂管，管柱通径满足连续油管冲砂的要求。

对于观察井和资料井，完井管柱应满足后期生产资料录取的要求，如在管柱上设计投入式井下压力计坐落接头或管柱内径及下深满足生产测井的要求。

油管柱设计应满足以下要求：

（1）油管柱上所有部件（本体和接头）均应通过相关标准规定的试验要求；

（2）应对油管柱的工况载荷进行分析，油管柱上所有部件的设计载荷应不低于油管；

（3）应识别出油管柱上的最薄弱点并记录；

（4）需定义安全系数，在确定安全系数时，应考虑温度、腐蚀、磨损、疲劳、弯曲和经济因素的影响。

在选择油管时，还要考虑以下方面：

（1）所要承受的拉伸和压缩载荷；

（2）抗内压能力和抗挤毁能力；

（3）外径的间隙应考虑落鱼打捞的要求；

（4）油管内的流速（包括压裂酸化工况）；

（5）流体中的腐蚀、冲蚀介质组分；

（6）管件之间不同金属接触造成的电位腐蚀；

（7）抗弯曲能力；

（8）抗疲劳能力；

（9）油管材料应适用于其所接触的地层流体或注入流体（包括后期排水采气）；

（10）温度效应导致的管材强度降低。

2. 井管柱尺寸选择

完井管柱尺寸选择应考虑的因素如下：

（1）井身结构；

（2）预期井产量/注入量；

（3）储层改造；

（4）井下安全阀、封隔器等井下工具尺寸；

（5）井下故障复杂处理；

（6）控制管线和化学剂注入管线；

（7）人工举升设计；

（8）投产期间携液能力；

（9）生产测井的要求。

3. 完井管柱的检测

（1）无损检测。

管柱入井前应做无损检测。

（2）上扣扭矩。

使用液压管钳（定期校核）按推荐或最佳扭矩上扣，对上扣扭矩数据进行存档。耐蚀合金油管应使用专用的微压痕或无压痕液压管钳。

（3）气密封检测。

采用气密封扣油管的完井管柱，应在入井时对封隔器以上的每个连接扣进行气密封检测。

检测压力要求：综合考虑管柱抗内压强度、管柱下入工况下的三轴应力强度及设计安全系数、井口最高关井压力和气密封检测设备的允许最大检测压力来确定实际检测压力值。

五、井下工具

1. 完井封隔器

完井封隔器的功能是在完井管柱和生产套管之间形成密封，以防地层流体流入环空，达到保护套管的目的。主要性能要求包括类型、工作压力、工作温度、最小内通径、坐封方式、螺纹类型、防腐性能、强度等。

1）设计

完井封隔器设计过程中通常应考虑以下因素。

（1）完井封隔器应优先选择永久式封隔器：高温高压及高含硫气井应选用 V1 等级及以上的永久式封隔器；

（2）完井封隔器的设计需要考虑后续井内可能存在的压差、温度、生产或注入流体的最大预期载荷；

（3）封隔器坐封位置通常优先考虑管外有连续 25m 以上固井质量优良的套管段，通常要求避开套管接箍 2m 以上；

（4）如果使用能够机械解封的永久式完井封隔器，下入的工具应不会损害其密封性能，也不会使其意外启动或解封；

（5）完井封隔器的材质，应满足储层改造、测试、长期生产、排水采气等作业的要求。

2）入井前的测试

（1）室内试验。

要求供方/制造商提供满足相应等级的等级结构试验报告，确认合格并归档（具体设计确认等级见表 8-3）。

表 8-3　设计确认等级结构

设计确认等级	包含等级
V0	V0、V1、V2、V3、V4、V5、V6
V1	V1、V2、V3、V4、V5、V6
V2	V2、V3、V4、V5、V6
V3	V3、V4、V5、V6
V4	V4、V5、V6
V5	V5、V6
V6	V6

注：（1）V6：供方/制造商规定；

　　（2）V5：液体试验；

　　（3）V4：液体试验和轴向载荷试验；

　　（4）V3：液体试验、轴向载荷试验和温度变化试验；

　　（5）V2：气体试验和轴向载荷试验；

　　（6）V1：气体试验、轴向载荷试验和温度变化试验；

　　（7）V0：气体试验、轴向载荷试验、温度变化试验和零气泡接收标准。

（2）室内准备。

①维护保养与试压：检查封隔器胶筒及上下螺纹，确认完好无损；用钢销插入坐封外筒的试压孔中，连接试压管线，对封隔器内部试压，具备条件时应试压至额定工作压力，无泄漏为合格；

②检查坐封销钉数量和规格是否正确且安装到位；不同批次的销钉应做剪切试验；

③准备球座，安装正确数量的剪切销，并做灌水密封试验；

④准备好配件及相应配合接头，并填写上井清单；

⑤库房根据上井清单填写设备性能卡，上井人员核实工具编号与设备性能卡编号是否一致。

（3）现场检查。

①现场检查所有工具是否与工程设计相符；

②检查封隔器胶筒、卡瓦及销钉，确认工具在运输途中是否受损；

③现场对封隔器及配套工具进行内外径的测量，是否与井筒匹配，并做好相关记录；

④现场监督要按照检查清单对到井工具、仪器进行检查并签字确认。

3）入井后的测试

完井封隔器在坐封后应进行环空加压验证封隔器密封性，试压值应考虑以下因素：

（1）套管综合控制参数；

（2）井口、套管头额定工作压力和试压值；

（3）环空保护液密度；

（4）管柱内外压差；

（5）封隔器工作压力及上下压差。

2. 井下安全阀

井下安全阀的功能是预防油气或流体从油管内无控制流出。主要性能要求包括类型、工作压力、工作温度、操作压力、防腐性能、螺纹类型等。

1）设计

井下安全阀设计需考虑以下因素：

（1）井下安全阀应设置在井口以下至少50m处；

（2）考虑水合物形成、结蜡、结垢等因素，井下安全阀设置深度应根据井内的压力和温度来确定，但安全阀下深应在最大故障关闭下深以上。最大故障关闭下深是指在发生控制线泄漏或断脱时，即便井口未打压，静液柱压力也能使阀门保持打开状态；

（3）应选用地面控制、具备故障自动关闭功能的井下安全阀；

（4）井下安全阀应满足作业工况及关井要求，不应成为完井管柱中的薄弱环节；

（5）井下安全阀阀瓣应使用金属对金属密封；

（6）井下安全阀可以承受井筒内流体的腐蚀和冲蚀；

（7）应考虑生产过程中的结蜡、垢等不利因素；

（8）应制定井下安全阀失效的应对措施；

（9）在安装井下安全阀的井中，井下安全阀应进行功能测试；

（10）地层压力高于105MPa的超高压井优先使用非自平衡井下安全阀。

2）测试

在送井前进行地面功能测试、操作压力测试和通径检查，空气中关闭时间不超过5s。

应按照流体流动方向进行高压试压，试压使用液体按额定压力进行，稳定 15min，压降不大于 0.7MPa 且表面无渗漏为合格；其中，高压气井按额定压力进行气密封高压试压时，渗漏速率不大于 0.14m³/min，还要求稳压期内无连续气泡。

3. 其他附件

完井管柱附件是为完井管柱实现其他功能的辅助部件，例如：气举阀、偏心工作筒、偏心堵塞器、永久温度压力监测、压力计托筒、带有密封/连接装置的控制管线等。

1）设计

在确定设计安全系数时应考虑温度、腐蚀、冲蚀、磨损、疲劳和弯曲的影响。在设计/选择附件时，其强度和气密封能力应不低于管柱设计要求。

2）测试

出厂前应按流动方向用高、低压差进行测试。低压测试的最大压力为 7MPa，并提供出厂试压检测报告。下入过程中应按照管柱气密封检测要求对附件进行单独检测。

思 考 题

1. 根据完井设计资料，绘制井钻井施工各阶段的井屏障示意图。
2. 讨论完井阶段的典型井屏障部件。
3. 讨论完井阶段存在的主要流动保障问题。
4. 讨论采油树作为井屏障部件的设计、测试和监控要求。
5. 讨论油管挂作为井屏障部件的设计、测试和监控要求。
6. 讨论完井管柱作为井屏障部件的设计、测试和监控要求。
7. 讨论完井阶段需要特殊考虑的井完整性因素。

第九章　生　产

生产阶段是指从建井完成后交井开始，直到要对井进行永久性弃井作业时为止。包括开发、注入、观察、关井和暂停等各种情况，主要涉及从储层采出流体和向储层注入流体的过程。但是，井的所有修井作业活动，无论是以钻机形式进行修井，还是采用无钻机修井方式，只要涉及打破采油树或井口的密封环境，则此类活动就不应视为是井生产运行阶段的组成部分。

生产阶段开始于建井/作业部门将该井交接给生产部门。如果为了实施井维护、修井或报废作业将该井重新交回给钻井和作业部门，则说明生产阶段结束或暂时结束。

生产期间应保证两级井屏障有效，原则上所有屏障部件应定期进行测试和维护，确保其可靠性。

当任何一道井屏障发生退化或失效、环空压力出现异常或流体组分发生变化时，应重新进行井完整性评价和风险评估。

在生产阶段通过持续监控生产参数，确保生产井在设计的运行范围内运行。通过开展井屏障部件维护与保养工作，确认井屏障部件的长期可靠性。及时处理井完整性异常和失效，避免井完整性事故的发生。

第一节　井完整性监控与监测

在井的整个生产维护过程中应对井运行参数进行监控，同时，定期对各关键井完整性参数进行检测，从而保证井整体完整性状况可控。井完整性监控是指通过使用相关仪器，按照预定的检测频率对井的运行参数进行观测，以确保井的运行参数（即压力、温度、流量）保持在其运行范围以内的行为；监测是指对通过管柱壁厚测量、井屏障部件外观检验、取样等方式，对井的物理特性进行测试和记录的活动。应根据不同的井况制定不同的井完整性监控和监测方案。

一、基本要求

1. 监控设备配套要求

监控设备的基本要求包括：

（1）各环空均应安装压力表或压力变送器，并确保在有效期之内；

（2）环空压力监测系统宜具备预警提示功能；

（3）各环空应有连接紧急泄压管线或诊断测试泄压管线的接口，存在环空异常带压的情况应安装紧急泄压管线或诊断测试泄压管线，紧急泄压管线采用基墩固定，诊断测试泄压管线应引到地面并固定牢靠；

（4）含硫井应安装硫化氢监测仪，且监测设备应考虑硫化氢腐蚀的影响；

（5）采油井口应安装可燃气体报警监测仪，并实现远程监控和报警；

（6）出现井口抬升的井应安装井口抬升高度监测仪。

2. 井屏障监测要求

应制定采油树、油管头、套管头和井下安全阀等屏障部件的维护、保养、监测相关管理规定。

（1）定期对油管挂密封性进行检查，若 A 环空异常带压需开展油管挂密封性测试。

（2）在气井生产阶段的定期测试中，阀门在线测试应满足在 15min 内压降不超过试压值的 5%，否则应进行维修。

（3）定期对井口装置进行维护、保养。正常井每季度进行一次维护保养；异常井根据情况适时维护保养；更换井口（或主要部件）应重新进行试压，按额定工作压力对更换井口（或主要部件）及各闸门进行水密封试压，稳压 30min，压降不大于 0.7MPa 为合格。

（4）对井下安全阀进行测试、维护，正常情况下每半年应进行一次功能测试；在绳缆或连续油管、储层改造作业前后都应进行功能测试。

3. 流动保障监测要求

可能导致一个或多个井屏障部件发生退化或失效的流动保障问题包括：

（1）出砂；

（2）结垢、结蜡；

（3）水窜、多相流、段塞流；

（4）冲蚀；

（5）内外部的腐蚀。

应考虑以上风险对阀完整性的影响，确定是否需要增加阀测试维护的频率。

如果存在腐蚀、冲蚀和出砂的风险，应对油管、井口装置、地面流程的壁厚减薄量进行检测和计算，如果壁厚减薄量超出了设计标准，则应计算其剩余强度并对操作限制进行重新评估。

应采取措施及时发现出砂、结蜡、水合物等问题，应严密监测出砂情况。

应详细收集、记录油嘴管汇及生产管汇收集物，典型记录表实例见表 9-1。

发现以上问题，及时制定流动保障措施。

表 9-1 井取样记录表实例

取样时间	取样位置	取样人	样品描述	数量/重量	样品分析结果	备注

注：要求样品照片、分析报告与记录表一起做好资料存档。

二、频率

应根据不同井类型和井完整性现状制定监控和监测计划、频率和类型，并形成相关要求文件。可以参考风险评估结果来优化监控和监测的频率。

可以根据实际情况对监控和监测的频率进行调整。确定井监控和监测程序时应充分考虑以下因素：

（1）井况：注入、生产、关井、暂停、弃井等；

（2）运行范围；

（3）腐蚀；

（4）侵蚀；

（5）井支撑构造的完整性；

（6）井口海拔；

（7）油气藏沉降。

三、外观检查

对于地面设备，应定期进行外观检查，外观检查可以包括以下内容：

（1）井设备、屏障、防碰撞保护架或拖网渔船偏向器等装置的物理损坏情况；

（2）井的所有连接件牢固可靠无破损，比如仪表和控制管线完整无缺等；

（3）井口方井清洁，没有积存残渣或流体，包括地表积水、堆积物等；

（4）井口和采油树的总体情况：机械损伤、腐蚀、侵蚀、磨损等；

（5）是否观测到采油树或井口上有泄漏或气泡流出现象，尤其是环空位置或某些未采用其他方式进行过测试或监控的空腔。

如果通过外观检查发现了泄漏或气泡，则应进一步评估泄漏量，并制订泄漏缓解措施。

四、日常监控

整个生产过程的生产数据应进行实时监控并记录。应至少包括以下内容：

（1）井口油压和温度的变化；

（2）各环空压力的变化；

（3）井口产出物情况（油、气、水、砂……）；

（4）泄压、补压等操作记录。

五、典型监测方法

1. 测井

测井技术是某些井屏障部件（如水泥、套管、油管等）状态评估的最有效方法。测井监测技术可以成为预先计划好的监测程序的一部分，也可作为发生某种事件或观测到异常情况后的应对措施。

可通过多种不同的方式实施测井作业：

（1）基于单井的测井作业，即对井况进行评估；

（2）井组或油田范围内的测井作业，通过对井样进行评估，将评估结果推广到整个井组/油田范围之内。

井完整性监测可使用的测井作业包括：

（1）用井径仪测量腐蚀情况；

（2）声学测井；

（3）声波和超声波测井；

（4）磁涡流测井；

（5）磁漏测井；

（6）温度测井；

（7）压力测井；

（8）生产测井：流量和相态；

（9）温度分布和声学测井；

（10）水流测井；

（11）井下视频成像测井；

（12）示踪剂测量。

2. 腐蚀监测

当井屏障部件或承压元件发生腐蚀时，会造成井完整性破坏。

井通常会遭遇两种截然不同的腐蚀过程：

（1）油气藏流出物及外来流体、注入流体、钻井液或完井盐水引起的内部腐蚀；

（2）与湿空气接触产生的外部腐蚀，如地表水；

（3）静态地下水或含水层。

如果未及时采取腐蚀消减措施，则内部腐蚀和外部腐蚀都可以造成结构物完整性问题和潜在的密封破坏。应在腐蚀风险评估的基础上，对井上的结构物和井屏障元素制订腐蚀监控计划和定期检测制度，此类计划可根据所实施检测的结果进行调整。

腐蚀管理计划可以包括以下内容：

（1）选择耐腐蚀性材料；

（2）对井设计寿命周期内的屏障部件腐蚀速度进行估算，此类估算的腐蚀速度应以编写成档案文件的现场经验、或采用业界公认的惯例建成的模型为基础。

（3）间接测量，例如对环空或井内流体中的腐蚀性化学物质（硫化氢、酸等）进行取样化验，并对腐蚀反应的副产品进行取样；

（4）对化学品注入的流体注入途径进行监测；

（5）监测环空中流体的化学抑制性；

（6）使环空与氧源相互隔离；

（7）阴极保护；

（8）定期对保护性涂层（即在可能的情况下，检查导管、井口、采油树等的涂层）和导管和表层套管等结构物件进行检查。

3. 冲蚀监测

井筒、井口和采油树流道内部的元器件侵蚀，能导致井完整性破坏。尤其应特别注意流道内速度和流态变化（如完井管柱内横截面积发生变化的区域）部位及采油树总成空腔内部的冲蚀问题。

当井筒内流体成分或固相含量发生显著变化时，应重新对冲蚀风险和速度进行评估。

当井的运行参数接近于其冲蚀速度极限值时，应建立一套冲蚀监测程序，而且要将其列入井检测和维护程序中。应在井运行参数界限中注明其流量和速度极限值。

对于每个屏障部件，均应制定可接受的冲蚀范围，并形成文件。此类极限值应以所规定井寿命周期负荷情况下的井完整性保护为基础。

4. 结构完整性监测

通常情况下，导管、表层套管（及支撑地层）和井口总成共同组成井的结构支撑件。此类结构部件发生失效，会对井完整性造成影响，而且会加剧密封破坏的严重程度。

结构部件的潜在失效模式包括，但不局限于如下方面：

（1）金属腐蚀；

（2）周期性负荷造成的金属疲劳；

（3）周期性负荷、气候和（或）热负荷作用，使土壤强度降低；

（4）挤压性地层或地震引起的侧向负荷。

应建立起合适的系统，对井结构部件的退化情况进行建模或测量。在某些情况下，对疲劳的累积效果进行直接测量是不现实的，因此需要建立起一套追溯和记录系统，以便对组成部件的预测损耗寿命进行评估。

第二节 井 维 护

井维护是指保持井屏障持续可靠性的有效手段，井屏障部件、阀和其他控制系统要定期进行测试、功能试验、维护和修理。

必须为所有井屏障部件制订有计划的维护程序。需要维护的部件通常包括：

（1）井口、油管悬挂器和采油树，包括所有阀门、阀帽、法兰（系紧）螺栓和卡箍、黄油嘴、测试口、控制管线出口等；

（2）监测系统，包括仪表、传感器、出砂探测器、腐蚀探测器等；

（3）环空压力和液面高度检测器；

（4）井下阀门（地面控制井下安全阀、井下控制井下安全阀、环空安全阀和气举阀）；

（5）紧急关断系统（探测器、紧急关断系统控制盘、熔断塞）：

（6）化学品注入系统。

维护作业期间，要对设备进行检查、测试和修理，以使设备性能保持在其设计性能规范之内。可按照计划好的维护程序，以预定的程序开展维护活动。维护作业可分为预防性维护和纠正性维护两种等级。

（1）预防性维护是在井的工作状况、井型和井运行环境（即海洋井、陆地井、井位于自然保护区内，或受到管理机构控制的地区）的基础上，以预定的频率进行的；

（2）纠正性维护通常是由某种预防性维护任务引发的，进行此类维护任务时证实存在有失效问题，或是井监测期间的失效证实有某种特殊的需要。

在一段给定时间内的纠正性维护任务的次数，是预防性任务的质量或监测频率的量化指数。可按照确定的验收标准，对纠正性维护任务和预防性维护任务的比率进行测量。

在实施井维护工作时，必须制订出相应的预防性和纠正性维护管理系统（包括验收标准），而且必须要保存维护性活动可审计记录。

在确定时间表和测试频率时，至少应考虑如下因素：

（1）设备制造厂家的产品技术规范；

（2）环境和人员所面临的风险；

（3）可用的业界公认标准、惯例和指导方针；

（4）相关政策和程序。

一、替换部件

对于构成井屏障部件的井设备，为确保其性能维持在设计运行范围之内。替换件应采用原始设备制造厂或获得原始设备制造厂批准的厂家生产的产品。若无法满足此要求应进行记录、备案，并证明其合理性。

二、维护频率

应制订井维护活动的时间表和频率，并制作成文档。在确定维护频率时，可以使用基于风险的方法，典型维护和监测矩阵见表9-2。

表 9-2　维护和监测矩阵实例

<table>
<tr><td colspan="10">井完整性维护和监测矩阵</td></tr>
<tr><td colspan="2">保证任务/井型</td><td>海上高压井</td><td>水下自喷井</td><td>陆上高压井</td><td>水下压力平衡井</td><td>陆上中压井</td><td>海上低压井</td><td>压力平衡井</td><td>观察井</td></tr>
<tr><td rowspan="3">维护</td><td colspan="9">基于时间的预防性维护频率实例（时间，mon）</td></tr>
<tr><td>流体接触部件的维护和检测频率</td><td>6</td><td>6</td><td>12</td><td>12</td><td>12</td><td>12</td><td>24</td><td>48</td></tr>
<tr><td>非流体接触部件的维护和检测频率</td><td>12</td><td>12</td><td>24</td><td>24</td><td>24</td><td>24</td><td>48</td><td>96</td></tr>
<tr><td rowspan="4">监测</td><td colspan="9">基于时间的预防性维护频率实例（时间，d）</td></tr>
<tr><td>在用井监测频率</td><td>1</td><td>1</td><td>1</td><td>7</td><td>7</td><td>7</td><td>14</td><td>30</td></tr>
<tr><td>环空压力监测频率</td><td>1</td><td>1</td><td>7</td><td>7</td><td>7</td><td>7</td><td>14</td><td>60</td></tr>
<tr><td>非生产井监测频率</td><td>7</td><td>7</td><td>14</td><td>30</td><td>30</td><td>30</td><td>60</td><td>90</td></tr>
</table>

在发现预防性维护/纠正性维护的比率太高或太低，而且已经获取了足够的历史数据，能够清楚地观测到变化趋势之后，可以对维护频率进行调整。

三、部件测试方法

1. 验证试验

验证试验是对部件是否符合其验收标准进行检查。验证试验应包括，但不局限于如下内容：

（1）功能试验：包括①阀功能试验；②阀闭合时间；③执行器行程；④阀操作圈数；⑤液压信号（对控制管线的响应情况进行分析）。

（2）泄漏试验：包括①流入试验；②压力试验；③环空试验；④泄压试验。

2. 功能试验

需进行功能试验的元器件包括，但不局限于如下部件：

（1）阀；

（2）安全关井系统；

（3）报警器；

（4）仪表。

功能试验是对某个组成元件或系统是否处于可运行状态进行检查。例如，阀功能试验应表明阀门能够正常旋转（打开或关闭）。此功能试验并不提供阀可能会产生泄漏方面的信息。

除了定期进行验证试验之外，可以考虑进行更频繁的功能试验。以井内安装了井下安全阀的情况为例，这种情况下在进行验证试验时，还常常要进行常规功能试验，以确保安全阀出现问题的概率更低。

当无法将压力试验或流入试验作为验证试验的一部分时，可以用功能试验来代替验证试验。用以证明设备执行部件和（或）阀运动的功能性满足要求。

在能够顺利进行阀流入试验的情况下，当阀门关闭时，则可以假定使阀门关闭的执行系统能够正常工作。不过，也没有必要去证实执行系统本身能够按照其自身的运行参数去行使职能。

安装在流道中的阀门（井下安全阀、主阀门、翼阀）不应在井生产期间测试其功能，以免使其阀内件受损，而且这种做法也不是一种为业界所接受的做法。

井上可能会用到两种井下控制井下安全阀：当压力降低到一定数值时会关闭的安全阀（环境型安全阀）和流量超过一定数值时会关闭的安全阀（速度型安全阀，也被称为井下控制油嘴）。这两种阀都只能在阀门关闭之后，按照生产厂家的测试程序进行流入测试。在进行此类阀门测试时，常常要求在井上连接一台低压测试分离器或燃烧火炬，以模拟井内流体不受控制地流入地面的情况。在井运行期间采取这种做法，往往是不切实际的；应通过确定阀更换频率，来使阀保持在正常运行状态。

四、泄漏试验

泄漏试验是指通过施加一定的压差来判定部件密封系统的完整性。压差可通过打压或流入试验来获得，所施加的压差和试验的持续时间可根据实际情况调整。

在进行试验时，应考虑如下问题：

（1）最初激活密封系统时所需要施加的压力差，特别是在使用浮动闸阀的情况下；

（2）在无法使用外部压力的情况下，试验结果仅能记录为功能试验的结果。

第三节　投产初期管理要求

一、开井前的检查与试压验漏

开井前应至少做目视检查并书面记录。

（1）井的所有连接件牢固可靠无破损，比如仪表和控制管线完整、放压管线固定牢靠；

（2）井口装置的总体情况，如机械损伤、腐蚀、侵蚀、磨损等；

（3）检查井口装置是否有泄漏现象。检查生产流程中设备、阀门的状态，确保阀门设备完好，阀门开关灵活，开井前处于相应的开关状态。

投产前应检查井屏障部件测试记录，若关井时间超过 6 个月，应按照规定对采油树及井口装置重新试压或验漏合格方可投产。采油树阀在线测试应满足在 15min 内压力变化不超过试压值的 5%，否则应进行维修；具备条件应对采油树及井口装置进行试压。

投产前确定油套压力控制范围，并制定应急预案。

严格执行开井投产操作要求，投产时的监控记录主要包括以下几方面：

（1）开井前后油压变化情况；

（2）环空压力变化情况；

（3）井口温度变化情况；

（4）井口产出物情况（油、气、水、砂……）；

（5）环空泄压操作记录。

二、投产初期资料要求

开井生产前应编制单井环空压力控制参数，明确各环空压力控制范围、放喷时最小预留油压值。

投产初期是诊断热效应导致环空带压或持续环空带压的关键时期，应严格执行开井投产操作要求，并加强监测资料录取，主要包括以下几方面：

（1）开井前后油压变化情况；

（2）环空压力变化情况；

（3）井口温度变化情况；

（4）井口产出物情况（油、气、水、固……）；

（5）环空压力操作记录。

投产初期主要确认以下内容：

（1）各环空带压情况；

（2）合理的生产参数；

（3）各屏障部件运行是否正常。

三、开关井的操作要求

生产过程中除紧急情况或意外关井，高压气井不宜直接采用液动或电动油嘴快速开关井，应采取阶梯式缓慢开关井方式。生产井宜配备固定油嘴和可调油嘴（针式节流阀）。根据井的压力和产量配置情况，可将开关井操作分为 2~3 阶梯，每次时间间隔 15min 以上。

第四节　环空压力管理

井生产阶段应有效管理环空压力，以维持井在整个生命周期内的完整性。环空压力管理过程中至少考虑以下内容：

（1）压力源；

（2）监控，包括趋势；

（3）环空内流体组成、流体类型和体积；

（4）运行范围，包括压力范围、可允许压力变化速度等；

（5）失效模式；

（6）压力安全和减压系统；

（7）密封失效后各环空的流动能力；

（8）环空气体储集效应（如环空液面与地面间的气体体积）；

（9）进入不抗腐蚀环空的腐蚀流体流入；

（10）未来可能导致井屏障退化的潜在最高压力。

一、环空压力控制范围计算

生产阶段应计算环空压力控制范围，指导环空压力管理。环空压力控制范围计算过程中应充分考虑各环空对应的所有井屏障部件完整性。

二、环空压力监控、测试和诊断

整个生产过程应进行环空压力监控并记录。若环空压力出现异常变化，应及时进行环空带压分析或诊断测试，环空压力出现但不限于以下几种情况时，应开展环空压力诊断、分析。

（1）环空压力超过最大许可工作压力；

（2）正常生产过程中产量、油压平稳，环空压力出现异常；

（3）长期关井环空压力异常上升；

（4）关井初期环空压力不降反升或下降后持续上升；

（5）开井后环空压力上升后缓慢上涨，不能稳定。

通过测试环空压力变化情况、放出流体或补入流体的性质、数量等综合判断环空带压类型。

（1）人工干预（完井期间环空预留压力，改造环空补压等）导致的环空带压；

（2）温度效应导致的环空带压；

（3）持续环空带压。

环空放压，应通过针阀控制放压速度，缓慢地放压；若环空压力较高，应采用阶梯式放压；A环空放压的最低压力值不能低于目前工况下需保持的最小预留工作压力。

为有效监控环空压力，需记录以下数据：

（1）添加到环空中，或从环空中排出的流体类型和容积；

（2）环空中的流体类型及其特性（包括流体密度）；

（3）压力监测及其趋势；

（4）监测设备的校准和功能检查；

（5）运行变化。

三、持续环空压力判定

环空压力出现异常变化后，应根据环空压力变化情况及诊断测试结果进行持续环空压力判定。出现以下任一情况可判定为持续环空压力：

（1）环空泄压持续放出可燃气体，压力下降缓慢或不降；

（2）停止泄压后压力迅速恢复至原来水平或更高，或泄压放出可燃气体。

四、持续环空带压监控措施和监控要求

对出现持续环空带压的井，应连续监控，及时诊断分析、评估，做好应急措施。

应保存环空压力数据和操作的历史记录，便于环空带压井的分析和评估。连续的环空压力监测数据按资料录取要求存档，典型放压、补压数据见表9-3和表9-4。

表9-3 典型放压记录表

日期	放压环空	放压时间（hh:mm）	压力数据，MPa										放压持续时间（hh:mm）	放出物描述（气液、是否可燃、颜色）	放出量	现场操作人	备注
			油压		A环空		B环空		C环空		D环空						
			放压前	放压后	放压前	放压后	放压前	放压后	放压前	放压后	放压前	放压后					

表 9-4 典型补压记录表

日期	补压环空	补压时间（hh：mm）	压力数据，MPa										补压持续时间（hh：mm）	补压介质			现场负责人	备注
			油压		A 环空		B 环空		C 环空		D 环空							
			补压前	补压后	补压前	补压后	补压前	补压后	补压前	补压后	补压前	补压后		介质	用量	密度		

若需要对环空进行泄压，应考虑以下几点：

（1）如果由于腐蚀和冲蚀原因导致持续环空带压，泄压或补压操作有可能会使带压情况恶化；

（2）泄压可能造成环空压力升高或环空内烃类流体量增加；

（3）环空压力管理程序应进行优化，以减少泄压操作的次数和泄放的流体量。

第五节 风险评估及分级管理

一、风险评估

针对认定为环空压力异常井，应开展井完整性失效风险评估。评估基本方法如下：

（1）绘制潜在泄漏通道图，结合进一步的诊断分析，判断异常压力来源；

（2）根据需要开展井屏障部件可靠性测试；

（3）重新评估各环空允许最大工作压力；

（4）建立风险分析所使用的风险矩阵和可接受准则（高风险：风险不可接受，要提供处理措施，验证处理措施实施的效果；中风险：开展最低合理可行分析，应考虑适当的控制措施，持续监控此类风险；低风险：风险可接受，只需要正常的维护和监控），确保分析的一致性，并提供决策依据。风险矩阵应至少考虑安全风险、环境风险和经济风险，并对失效可能性和失效后果进行定性和（或）定量描述，以确保分析的需要。根据矩阵表确定气井风险等级（表 9-5）。

表 9-5 风险矩阵表

失效后果	失效可能性				
	非常低	低	中等	高	非常高
轻微	L	L	L	L	M
一般	L	L	L	M	M
中等	L	L	M	M	H
重大	L	M	M	H	H
灾难	M	M	H	H	H

注：L—低风险，M—中风险，H—高风险。

二、井完整性分级及响应措施

通过井屏障完整性分析及风险评估对井进行分级，根据不同级别制定相应的响应措施，典型井分级原则及响应措施见表9-6。

表9-6 典型井完整性分级及响应措施

类别	分级原则	措施	管理原则
红色	第一屏障失效，第二屏障受损（或失效），风险评估确认为高风险；或已经发生泄漏至地面	红色井确定后，必须立即治理，业务管理部门应立即组织治理方案编制，生产单位立即采取应急预案，实施风险削减措施，防控风险；组织实施治理方案	油田公司领导批准治理方案，业务管理部门组织协调，生产部门组织实施
橙色	第一屏障受损（或失效），第二屏障完好；或第一屏障受损（或失效），第二屏障虽然受损，但经过风险评估后，确认为中或低风险	首先制定应急预案，根据情况进行监控生产或采取风险削减措施，少调产，尽量减少对环空实施泄压或补压；严密跟踪生产动态，发现问题及时分析评估并采取相应措施	业务管理部门组织技术支撑单位和生产部门共同制定监控措施；生产单位负责监控生产，发生重大变化，上报业务管理部门，并组织技术支撑单位分析变化原因及影响，提出处置意见
黄色	第一屏障完好，第二屏障受损，经过风险评估后，确认为低风险	采取维护或风险削减措施，保持稳定生产，严密监控各环空压力的变化情况；尽量减少对环空采取泄压或补压措施	由生产单位自行监控生产，若发生重大变化，上报业务管理部门，并组织技术支撑单位分析变化原因及影响，提出处置意见
绿色	第一及第二屏障均处于完好状态	正常监控和维护	由生产单位自行监控生产，若发生重大变化，上报业务管理部门，并组织技术支撑单位分析变化原因及影响，提出处置意见

三、中高风险井完整性管理

中高风险井一般指橙色、红色井。中高风险井的风险削减措施至少包括但不限于以下几个方面：

（1）重新确定环空许可压力操作范围，并设定报警值；

（2）配备必要的泄压或补压装置；

（3）制定开井、关井工况下的油套压力控制措施；

（4）制定相应的应急预案并定期演练；

（5）应对措施方案应根据井的分级情况由业务管理部门组织专家进行审查，并经业务管理部门或油田公司领导审批后方能实施。

四、完整性分级变更管理

环空压力出现异常变化应及时上报业务管理部门，并由技术支撑单位开展持续环空压力的分析及风险评估，提出分级变更意见，并由上级管理部门审核确定。

第六节 数 据 管 理

一、文档记录

在生产阶段，文档记录应准确、及时更新和维护。需对以下文档进行保存：

（1）地质、钻井、测试、完井、修井等设计文件；

（2）建井的详细记录；

（3）施工操作记录；

（4）生产操作记录；

（5）环空压力异常生产井的处理方案及应急预案。

施工操作记录包括：

（1）钻井期间的施工记录报告；

（2）测试期间的施工记录报告；

（3）完井期间的施工记录报告；

（4）修井作业期间的施工记录报告。

生产操作记录包括：

（1）完井投产时的操作参数（持续监控）；

（2）正常生产期间的操作参数（持续监控）；

（3）环空带压井的压力测试，泄放物的检测、分析记录报告；

（4）屏障部件维护和测试记录报告；

（5）修井期间工具、油管、测井等测试、检测记录报告。

二、井移交

所有对井安全或作业效率具有重要意义的前期数据均应明确记录，在将井责任从建井部门交接给生产作业部门时必须对此进行交流，具体应包括以下内容。

（1）井号。

（2）交接双方的部门名称。

（3）井型（如，生产井、注气井或注水井等）。

（4）设备状况的证明文件，包括阀、压力和液体状况。

（5）井示意图。包括①井屏障示意图；②完井示意图；③井口和采油树示意图。

（6）建井数据和井屏障测试曲线。包括①套管、油管和完井组件数据（深度、尺寸等）；②固井数据；③井口数据；④采油树数据；⑤射孔的详细资料；⑥设备的详细资料，如编号或序号，包括仪表和需定期维护设备的标签号。

（7）操作界限，如设计寿命、流量、压力、温度、液体组分。

（8）最小和最大允许环空压力。

（9）供参考的测试程序、开井程序以及所有特殊的作业注意事项。

（10）经确认的建井偏差。

（11）井完整性分级。

在两个部门之间（如，在生产部门和修井部门之间）进行井交接时，应准备一个简化的文档包，该文档包中应包括以下内容：

（1）井号；

（2）交接双方的部门名称；

（3）交接原因；

（4）当前油压和环空压力；

（5）当前阀状态（打开/关闭），包括压力和液体状态；

（6）井屏障部件最后一次检验、测试的相关资料；

（7）当前井屏障示意图；

（8）自上一次交接之后所有建井和作业相关的改变（如更换采油树阀、更新操作界限等）的资料；

（9）井偏差；

（10）井完整性分级。

思　考　题

1. 根据井投产资料，绘制井投产后的井屏障示意图。

2. 讨论井投产后的监控和监测要求。

3. 讨论典型的井维护方法及要求。

4. 讨论投产初期完整性管理要求及必要性。

5. 讨论生产阶段环空压力管理的主要内容。

6. 讨论生产阶段风险评估和分级方法。

7. 讨论生产阶段井完整性数据记录和移交要求。

第十章 修　井

修井主要针对已经完井的井筒出于一定目的而进行的井筒介入作业。修井作业可通过钻机、修井机、连续油管装置、电缆、钢丝绳作业机等来完成，修井作业过程的完整性是井全生命周期完整性的重要组成部分。

第一节　修井方案设计

在进行修井作业前，应根据具体的作业目的，选择合适的钻机和配套设备等。应用最广泛的修井设备包括：有缆作业（钢丝绳作业、电缆作业等）、连续油管作业和带压修井作业设备。制定修井作业计划时，应至少涵盖以下几个方面的内容。

（1）修井目的，根据作业目的来制定作业计划，制定相应的时间节点。修井作业的设计应依据一定的审核和批准流程，以确保作业的安全并按预期目的完成作业。

（2）相关设备、材料和人员的选择已经获取方式。

（3）确认修井作业过程中需建立的井屏障及相应屏障部件，包括这些屏障部件的启用时机和启用方式以及可能会启用的临时井屏障部件。

（4）修井作业的详细计划，修井作业计划应涵盖从作业准备、井交接、设备安装、作业前的井屏障部件测试、作业流程、作业结束后的井完整性测试、修井设备移除和井再次移交的全过程。其中，修井作业的井交接非常重要，通常应办理正式的移交手续，从生产部门向修井作业队伍交接过程中，应明确交代所有阀的开关情况、状态和作用，并在井场完成井的移交，以确保交接双方设备状况的理解一致。通常还应涵盖以下内容。

①井的当前状况；

②修井目的；

③井责任人；

④作业过程责任人；

⑤风险的辨识和减缓措施；

⑥设计偏差的处置方案；

⑦应急计划（在井或相关设备出现紧急情况时）。

（5）由专门人员对修井作业设计方案进行审核。

（6）修井作业每阶段的井屏障示意图绘制。

应开展相应的理论研究，如疲劳分析模型研究，以明确修井设备（如钢丝绳、连续油管）的操作界限，避免修井设备失效。在修井作业方案设计过程中应充分考虑以下因素：

（1）井屏障部件最低要求。

①井控设备的配置；

②工具串的配置；

③操作性。

（2）井屏障的危害。

①降低危害可能性的措施；

②缓解危害后果的措施。

（3）井控操作和演练。

①井控操作程序；

②井控操作演练。

（4）其他。

①腐蚀性物质（CO_2，H_2S）；

②强行起下钻设备的扭力、拉力、推力的操作限制。

第二节　有 缆 作 业

有缆作业借助电缆、编织电缆或测试钢丝上部署的各种电力或机械式井下工具来进行修井作业。

钢丝绳是由非常光滑的股绳缠绕而成的，常用于：

（1）将工具送入或提出井筒；

（2）作为数据传输的同轴通道。

编织而成的电缆通常比钢丝绳更不易获得良好的密封效果，一旦破损，电缆很容易搅乱在一起而很难从井筒中打捞出来。

对于电缆作业来说，有效的密封组件包括：

（1）钢丝绳填充盒或流体密封；

（2）编织绳作业专用润滑注入头。

环境温度、井筒流体、井筒压力和润滑油温度都应在方案设计时予以考虑。在作业过程中，应对相关设备的密封性进行检测。

应针对有缆作业的各典型工序绘制井屏障示意图，通过井屏障示意图来描述有缆作业过程中的第一井屏障和第二井屏障及其组成部件。有缆作业典型井屏障示意图见表10-1。

表 10-1　有缆作业的井屏障示意图

序号	有缆作业工况	备注	参考
1	在采油树上方连接电缆设备		图 10-1
2	通过采油树下电缆		图 10-2

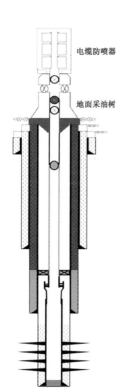

井屏障部件	测试要求	监控要求
第一井屏障		
地层		
套管水泥环		
套管		
生产封隔器		
完井管柱		
井下安全阀		
第二井屏障		
地层		
套管外固井水泥环		
套管		
井口		
井口环空阀		
油管挂		
地面采油树		

图 10-1　在采油树上方连接电缆设备

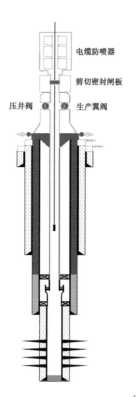

井屏障部件	测试要求	监控要求
第一井屏障		
地层		
套管水泥环		
套管		
生产封隔器		
完井管柱		
油管挂		
地面采油树		
电缆剪切/密封 （安全头）本体		
电缆防喷管		
电缆防喷器		
电缆防喷盒/注脂头		
第二井屏障		
地层		
套管水泥环		
套管		
井口		
油管挂		
地面采油树*		
电缆剪切/密封（安全头）		

*共用井屏障部件。

图 10-2　通过采油树下电缆

168

第三节　连续油管作业

连续油管是缠绕在大滚筒上的不同外径的连续管柱，内部尾端相互连接，通过弯曲连接到轮轴上。流体能够从其中泵送，同样可以携带控制球到井筒来实施必要的作业。连续油管作业过程中井屏障的基本要求包括如下内容。

（1）从采油树至连续油管防喷器顶部的所有接头都必须采用法兰连接，或者用夹具夹紧，并且是金属对金属密封。

（2）地面控制设备的闸入口和出口应相互对应，可采用法兰连接或用夹具夹紧。内阀门应当是双向的，孔内是金属对金属密封。两个阀门中的一个应当可遥控操作。在阀门入口，遥控操作的阀门可用手动阀或止回阀替代。

（3）应在地面井控设备的压井管线入口端连接一条额定压力管线。

（4）若井下安全阀出现泄漏，应安装安全头，并且在安装连续油管井控设备之前进行试压。

（5）对于过平衡连续油管作业，在裸眼段部署较长的井底钻具组合时，应做好地面罐体积和井内液面的监测工作。

（6）在部署较长的、不能切割的井底钻具组合时，应备好应急接头或系统，以防井底钻具组合落井。

连续油管作业的第一屏障是防喷盒，第二屏障是适合各种尺寸工具的防喷器。进行连续油管作业时，除非有反向循环操作的要求，否则应在井底工具串上安装止回阀（单向阀）以防止发生逆流。连续油管本身就是一道屏障，因此在进行作业时，应对其进行严密的监控，以防止它失效。

应针对连续油管在以下4个方面的限制进行监控。

（1）寿命限制——连续油管缠绕回滚筒或从滚筒松开并通过鹅颈下入至井内；

（2）拉伸限制——随油管的重量和长度而不同；

（3）压力限制——抗内压和外挤随拉伸和压缩强度而变；

（4）尺寸和椭圆度限制——对管柱进行实时监控，以确保管柱不会发生鼓胀，挤扁或其他机械损伤。

应对连续油管的疲劳状况进行跟踪分析。连续油管服务公司应采用相关软件来对油管的疲劳状况进行分析确认，并对管柱的操作历史进行记录。

应将管柱的历史使用数据进行整合，并及时更新每段管柱的维护数据。当计划采用连续油管来进行井下作业时，应对这些数据进行审核。

应针对连续油管作业的各典型工序绘制井屏障示意图，通过井屏障示意图来描述有缆作业过程中的第一井屏障和第二井屏障及其组成部件。连续油管作业典型井屏障示意图见表10-2。

表 10-2　连续油管作业的井屏障示意图

序号	连续油管作业工况	备注	参考
1	在采油树上方起下连续油管		图10-3
2	通过采油树起下连续油管		图10-4

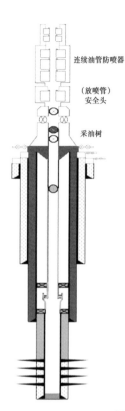

井屏障部件	测试要求	监控要求
第一井屏障		
地层		
套管水泥环		
套管		
尾管顶部封隔器		
生产封隔器		
完井管柱		
井下安全阀		
第二井屏障		
地层		
套管水泥环		
套管		
井口（环空阀门和采油树/井口短接）		
油管挂		
地面采油树		

图 10-3　在采油树上方起下连续油管

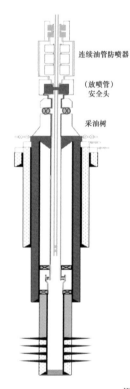

井屏障部件	测试要求	监控要求
第一井屏障		
地层		
套管水泥环		
套管		
尾管顶部封隔器		
生产封隔器		
完井管柱		
油管挂		
地面采油树		
连续油管安全头		
高压隔水管		
连续油管防喷器		
连续油管自封		
连续油管		
连续油管止回阀		
第二井屏障		
地层		
套管水泥环		
套管		
井口（环空阀门和采油树/井口短接）		
油管挂		
地面采油树		
连续油管安全头		

图 10-4　通过采油树起下连续油管

第四节　带压修井作业

带压修井作业指在保持井筒内一定压力、不压井、不放压的情况下，通过操作专用的系统配套设备实施修井作业的井下作业技术。

带压作业期间原则上应有两道井屏障，并且具备以下五种功能：

（1）所有的井屏障部件都应能够承受设计作业模式的预计最大压差，包括预定的安全系数；

（2）入井管柱能够配合防喷器实现井筒的关闭；

（3）入井管柱能截断且能实现井筒的密封；

（4）能够进行循环压井作业；

（5）整个作业过程中管柱能够提供循环通道。

带压作业期间，一级井屏障是用液柱和压力共同维持的，应当用一个闭环的地面系统来监控并控制井底压力和油气藏流体的流入。

（1）旋转控制装置应当安装在钻井防喷器之上。

（2）应安装气体探测装置，用于探测井口和防喷器等接头的潜在泄漏。

（3）应使用专用的欠平衡节流管汇来控制流量和井筒压力，并降低地面压力至可接受的水平，然后再进入分离设备。对于每条节流和放喷管线，节流管汇应配备两个节流器和隔离阀。

（4）应选择地面分离系统来处理来自返回流体中预期的流体（固体）。地面设备的堵塞、侵蚀或冲蚀不得影响维持一级井屏障的能力。地面分离系统的能力应具有书面证明，并适用于其所在的区域。

（5）欠平衡钻井液体系可以由海水、淡水、咸水、原油或基油等基液组成，偶尔可以注气。加重材料的要求取决于油气藏压力和预期的压力衰减程度。所选用的欠平衡钻井液应与其用途相适应。

（6）在规划和设计阶段，应进行多相流模拟。模拟的结果及其他设计参数将用于设备的选择和施工参数的确定。

应针对带压修井作业的各典型工序绘制井屏障示意图，通过井屏障示意图来描述带压修井作业过程中的第一井屏障和第二井屏障及其组成部件。带压修井作业典型井屏障示意图见表 10-3。

表 10-3　带压修井作业的井屏障示意图

序号	带压修井作业工况	备注	参考
1	在欠平衡液体中钻进和起下管柱		图 10-5
2	使用井下隔离阀起下工作管柱		图 10-6

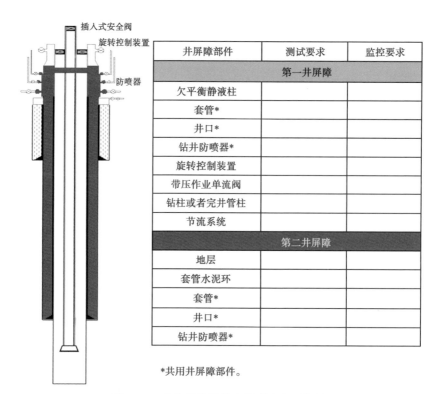

井屏障部件	测试要求	监控要求
第一井屏障		
欠平衡静液柱		
套管*		
井口*		
钻井防喷器*		
旋转控制装置		
带压作业单流阀		
钻柱或者完井管柱		
节流系统		
第二井屏障		
地层		
套管水泥环		
套管*		
井口*		
钻井防喷器*		

*共用井屏障部件。

图 10-5　在欠平衡液体中钻进和起下管柱

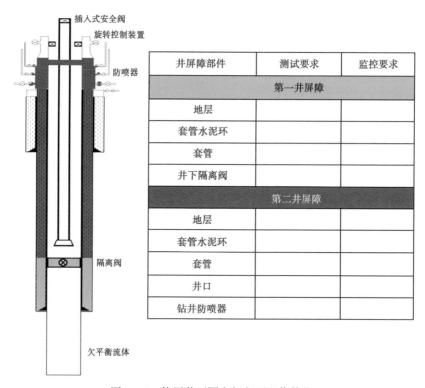

井屏障部件	测试要求	监控要求
第一井屏障		
地层		
套管水泥环		
套管		
井下隔离阀		
第二井屏障		
地层		
套管水泥环		
套管		
井口		
钻井防喷器		

图 10-6　使用井下隔离阀起下工作管柱

思 考 题

1. 讨论修井方案设计阶段应考虑的完整性问题。
2. 讨论有缆修井作业阶段的典型井屏障部件。
3. 讨论连续油管修井作业阶段的典型井屏障部件。
4. 讨论带压修井作业阶段的典型井屏障部件。

第十一章 弃 置

本章介绍的弃置包括井生命周期内的各类临时暂停和最终的永久弃置，井弃置包括以下四种情况：

（1）油气井施工和作业的暂时停顿；

（2）临时弃井；

（3）永久弃井；

（4）油气井中某一井段永久性报废（如侧钻），从而钻一个带有新地质目标的新井眼。

井弃置的要求应考虑井的整个生命周期，从最初的设计开始就应该充分考虑弃置要求。良好的设计、建井和维护是后续弃置作业有效完成的保证。

在弃置作业的准备过程中，应根据作业目的选择合理的作业方法。弃置的目标可能包括以下几点：

（1）阻止地层流体、注入流体和井筒流体泄漏到地面；

（2）阻止地层间的流体流动；

（3）防止地下水的污染；

（4）在弃置时隔绝放射性物质或其他危险物质来保持井筒的完整性；

（5）遵守其他的法律要求。

第一节 井屏障的基本要求

弃置井屏障设计时，应至少考虑以下因素：

（1）识别弃置阶段潜在的流体来源；

（2）由于油藏压力恢复导致未来可能存在的流体来源；

（3）油藏枯竭导致渗流到其他地层；

（4）识别潜在的泄漏路径；

（5）在潜在的泄漏路径建立永久的井屏障；

（6）验证环空水泥隔离效果（初始状态和弃置之前）；

（7）永久弃置井位置；

（8）地层压实；

（9）地震和构造作用力；

（10）温度；

（11）可能存在的化学和生物环境。

无论是暂闭还是永久弃置，均应遵循以下原则：

（1）均应考虑所有潜在流入源；

（2）应至少设置两道屏障；

（3）如果井筒内不允许地层间窜流，则应设置一道井屏障来将其隔离。

一、暂闭井的井屏障要求

暂闭井分成需要监控和不需要监控的井，监控就是对井的第一井屏障和第二井屏障进行定期的跟踪和测试。

对于需要监控的暂闭井，没有最长暂闭时间要求。

对于不需要监控的暂闭井，通常建议井的暂闭时间最长为 3 年。

对于暂闭井的设计，应满足后期作业的安全要求，如重新开井生产或进行永久弃置。

暂闭井通常只需建立临时井屏障，如经试压验证的桥塞或胶结良好的水泥塞等。若井筒内压井液可以定期监控并维持时，则压井液也可以作为一道临时井屏障。

二、永久弃置井的井屏障要求

永久弃置井应至少设置两道永久的井屏障。永久性井屏障应扩展至整个井横截面，能覆盖所有的环空，将纵向和横向全部封闭。

第一井屏障应设置在整个潜在流动层或潜在流动层上端。如果第一井屏障部件（如水泥塞）设置位置明显高于潜在流动层，则该位置地层破裂压力应大于井内该处可能出现的最高压力。

第二井屏障是第一井屏障的备用，第二井屏障部件（如水泥塞）处的地层破裂压力应大于井内该处可能出现的最高压力。第二井屏障经验证合格，可以作为另外一个流动层的第一井屏障。

永久弃置井的井屏障应具有以下功能：

（1）长期的完整性；

（2）非渗透性；

（3）无收缩性；

（4）能够承受机械载荷和冲击；

（5）能耐受所接触的化学物质（H_2S、CO_2 和烃类）；

（6）能与管材和地层胶结牢固；

（7）不会损坏所接触管材的完整性。

永久弃置井的封堵材料一般为水泥。对于所有的打水泥塞作业，建议在水泥塞下方设置支撑（如桥塞或高黏液），防止水泥浆下滑或凝固过程中发生气侵。

如果生产套管外的固井质量较差，推荐将水泥塞处的生产套管磨掉，再打入水泥塞，并对水泥塞进行验证。

对于永久弃置的井，如果井口设备（如井口装置和采油树）被移除，则应在井口安装第三个井屏障。

应在设计中充分考虑水泥塞的长期性能，永久弃置设计中还应充分考虑储层的压力变化、材料性能退化、环空流体中重组分的沉降、盖层封闭能力下降、尾管变形、温度循环效应、高温导致固井水泥的退化等问题。

三、典型永久弃井方案

为确保永久弃井后长期井完整性，应针对不同井况条件和弃井要求制定相应的弃井方案，典型永久弃井方案的示例如下。

（1）采用水泥塞封堵裸眼井段：在储层及其上方的裸眼井段打入水泥塞，并在裸眼井段至套管井段内打入一段水泥塞，从而实现对一段裸眼井段的永久弃置。如图11-1所示。

（2）采用背对背水泥塞和已测井套管水泥环弃置裸眼井段或已射孔套管/尾管。在储层内打入背对背的水泥塞（或尽可能靠近储层），并在套管内打入一段水泥塞，从而实现对一段裸眼井段或已射孔套管/尾管的永久弃置。该方案的条件是环空中的套管水泥环已经通过测井验证，且内部水泥塞长度覆盖了环空内测井段，如图11-2所示。

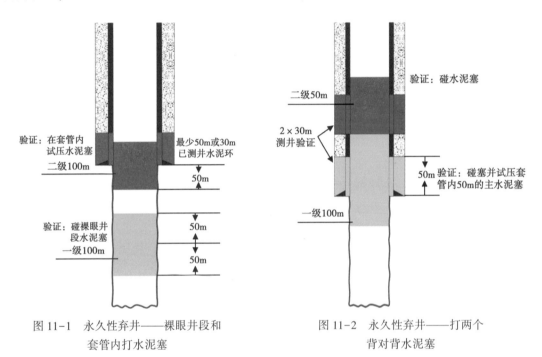

图11-1　永久性弃井——裸眼井段和
套管内打水泥塞

图11-2　永久性弃井——打两个
背对背水泥塞

（3）采用单一水泥塞与机械桥塞相结合来封堵储层或流入层。可通过先下入一个机械桥塞，再在机械桥塞支撑下打入一个水泥塞的方式进行永久性弃井作业。内部水泥塞长度应覆盖已测井环空段，如图11-3所示。

（4）在有油管残余（油管落鱼）的井内弃井作业。通过在储层（或尽可能靠近储层）打入主封隔水泥塞，再在油管和油管环空内打入第二个水泥塞，永久废弃一段井筒或射孔的套管/尾管，如图11-4所示。

（5）套管段磨铣弃井。对于固井质量不高或者无法到达最后裸眼段的井，首先磨铣掉一段套管，然后在磨铣位置打入水泥塞来实现永久弃置，如图11-5所示。

（6）套管段射孔后挤入水泥弃井。对于固井质量不高或者无法到达最后裸眼段的井，先对指定套管段射孔，然后挤入水泥形成一个整体水泥塞来实现永久弃置。如图11-6所示。

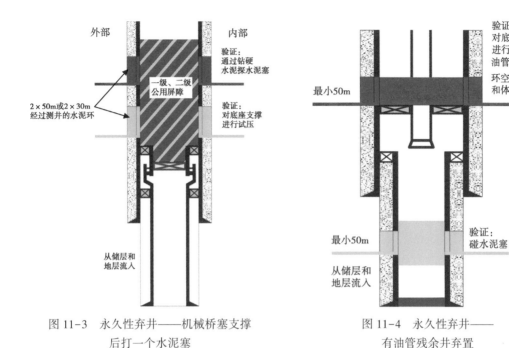

外部　　　　　　　内部

验证：
通过钻硬
水泥探水泥塞

一级、二级
公用屏障

2×50m或2×30m
经过测井的水泥环

验证：
对底座支撑
进行试压

从储层和
地层流入

图 11-3　永久性弃井——机械桥塞支撑
后打一个水泥塞

验证：
对底座支撑
进行试压
油管：碰塞
环空试压
和体积法

最小50m

最小50m

验证：
碰水泥塞

从储层和
地层流入

图 11-4　永久性弃井——
有油管残余井弃置

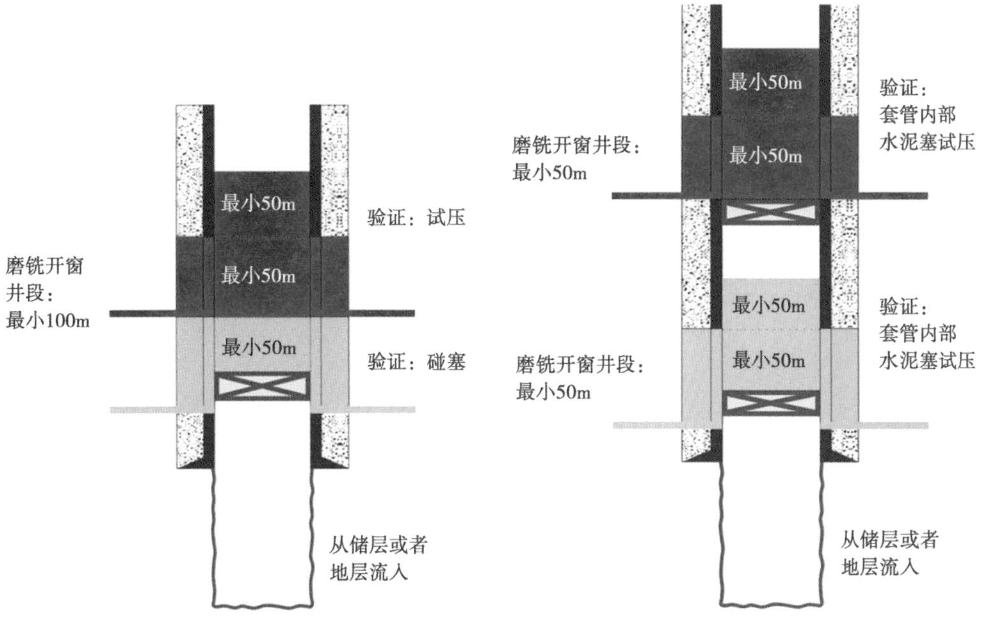

磨铣开窗
井段：
最小100m

最小50m

最小50m

验证：试压

最小50m

验证：碰塞

从储层或者
地层流入

磨铣开窗井段：
最小50m

磨铣开窗井段：
最小50m

最小50m

最小50m

最小50m

最小50m

验证：
套管内部
水泥塞试压

验证：
套管内部
水泥塞试压

从储层或者
地层流入

图 11-5　永久性弃井——套管段磨铣

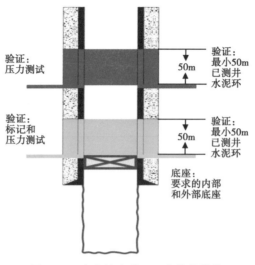

图 11-6　永久性弃井——套管段射孔

第二节　井屏障示意图

应针对暂闭和永久弃置作业的各典型工序绘制井屏障示意图,通过井屏障示意图来描述暂闭和永久弃置作业过程中的第一井屏障和第二井屏障及其组成部件。暂闭和永久弃置阶段典型井屏障示意图见表 11-1。

表 11-1　暂闭及永久弃置的井屏障图

序	描述	备注	参考
1	暂闭井(有尾管)		图 11-7
2	暂闭井(无尾管)		图 11-8
3	永久弃置井(有尾管)		图 11-9
4	永久弃置井(无尾管)		图 11-10
5	永久弃置井(有浅层气)		图 11-11
6	永久弃置井(套管磨铣)		图 11-12
7	永久弃置井(井口套管切割)		图 11-13
8	永久弃置井(带割缝筛管的多井筒井)		图 11-14
9	永久弃置井(多个油气藏的割缝筛管)		图 11-15

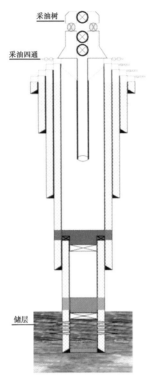

井屏障部件	测试要求	监控要求
第一井屏障		
地层		
尾管外水泥环		
尾管		
水泥塞		
第二井屏障		
地层		
套管外水泥环		
套管		
水泥塞		

图 11-7　暂闭井屏障图（有尾管）

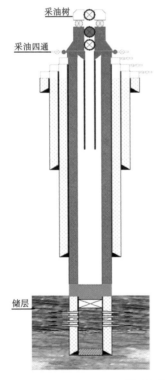

井屏障部件	测试要求	监控要求
第一井屏障		
地层		
套管外水泥环		
套管		
第二井屏障		
地层		
套管外水泥环		
套管		
套管头		
套管挂及密封		
采油四通及环空阀门		
油管挂及密封		
采油树（主阀）		

图 11-8　暂闭井屏障图（无尾管）

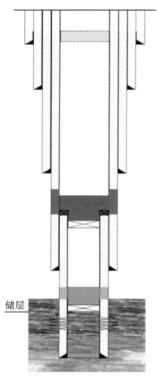

井屏障部件	测试要求	监控要求
第一井屏障		
地层		
尾管外固井水泥环		
尾管		
水泥塞		
第二井屏障		
地层		
尾管外固井水泥环		
尾管		
水泥塞		

图 11-9　永久弃置井屏障图（有尾管）

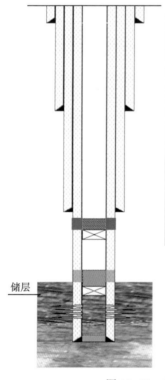

井屏障部件	测试要求	监控要求
第一井屏障		
地层		
套管外固井水泥环		
尾管		
水泥塞		
第二井屏障		
套管外固井水泥环		
套管		
水泥塞		

图 11-10　永久弃置井屏障图（无尾管）

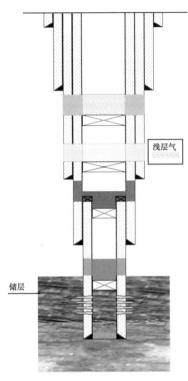

井屏障部件	测试要求	监控要求
储层流体第一井屏障		
地层		
尾管外固井水泥环		
尾管		
水泥塞		
储层流体第二井屏障		
地层		
套管外固井水泥环		
套管		
水泥塞		
浅层气第一井屏障		
套管外固井水泥环		
套管		
水泥塞		
浅层气第二井屏障		
地层		
套管外固井水泥环		
尾管		

浅层气

储层

图 11-11　永久弃置井屏障图（有浅层气）

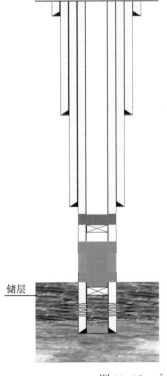

井屏障部件	测试要求	监控要求
第一井屏障		
地层		
套管外固井水泥环		
套管		
水泥塞		
第二井屏障		
套管外固井水泥环		
套管		
水泥塞		

储层

图 11-12　永久弃置井屏障图（套管磨铣）

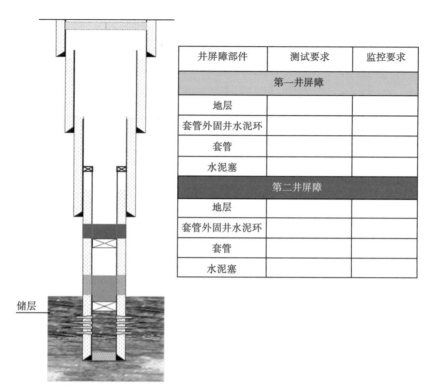

井屏障部件	测试要求	监控要求
第一井屏障		
地层		
套管外固井水泥环		
套管		
水泥塞		
第二井屏障		
地层		
套管外固井水泥环		
套管		
水泥塞		

图 11-13　永久弃置井（井口套管切割）井屏障示意图

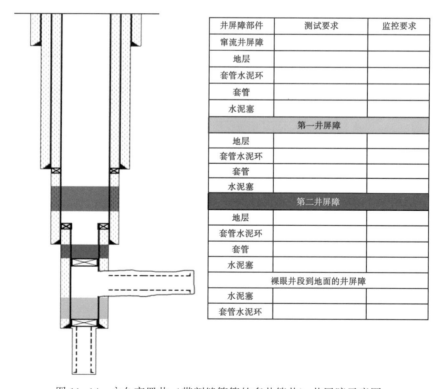

井屏障部件	测试要求	监控要求
窜流井屏障		
地层		
套管水泥环		
套管		
水泥塞		
第一井屏障		
地层		
套管水泥环		
套管		
水泥塞		
第二井屏障		
地层		
套管水泥环		
套管		
水泥塞		
裸眼井段到地面的井屏障		
水泥塞		
套管水泥环		

图 11-14　永久弃置井（带割缝筛管的多井筒井）井屏障示意图

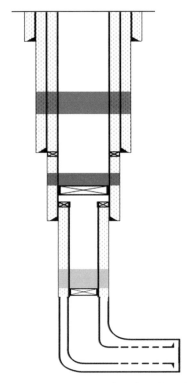

井屏障部件	测试要求	监控要求
第一井屏障		
地层		
套管水泥环		
套管		
水泥塞		
第二井屏障		
地层		
套管水泥环		
套管		
水泥塞		
第一井屏障（潜在油气藏）		
地层		
水泥塞		
套管		
套管水泥环		
第二井屏障（潜在油气藏）		
地层		
套管水泥环		
套管		
水泥塞		
裸眼井段到地面的井屏障		
套管水泥环		
套管		
水泥塞		

图 11-15　永久弃置井（多个油气藏的割缝筛管）井屏障示意图

第三节　典型井屏障部件

应针对不同的隔离目标来确定井屏障的位置、放置方式和规格等，常见的隔离目标有：

（1）油气储层；

（2）浅层气；

（3）焦油煤层（非流动的碳氢化合物）；

（4）高压水层；

（5）注入流体（如水、CO_2、注入岩屑）；

（6）浅含水层；

（7）井筒中的有害物质。

一、水泥塞

1. 设计

水泥塞是井弃置作业的主要材料，弃井水泥塞设计和测试要求包括。

（1）水泥塞下方应设置一道支撑（如桥塞或高黏隔离液），防止水泥浆下沉或凝固过程中发生气侵。

（2）如果水泥塞设置在套管内或尾管内，则应对水泥塞位置处的管外水泥环进行测试，且至少要有连续 50m 测试合格的水泥环。如果套管或尾管外的固井质量不合格，应将水泥塞位置处的套管或尾管及其水泥环磨铣后再打水泥塞。

（3）对于关键部位的水泥塞作业，应由独立的（内部或外部）有资质的人员来验证高温高压条件和复杂水泥浆设计下的打水泥塞作业程序。

（4）水泥塞的长度应考虑水泥塞所处的位置，如射孔段上部、尾管上部、回接筒附近等，并满足相关法规或标准的要求，通常要求如下。

①裸眼段水泥塞至少 100m，且在流动层以上至少 50m，可以作为一个井屏障；

②套管段内水泥塞至少 50m，可以作为一个井屏障；

③打在一个已通过验证合格的支撑之上，并满足一定长度要求的连续的水泥塞，可作为两道屏障；

④裸眼段内一段连续的水泥塞长度至少 200m，且该水泥塞打在桥塞之上，并进入套管至少 50m，则该屏障可以作为两道井屏障；

⑤套管段内一段连续的水泥塞长度至少 100m，且该水泥塞打在桥塞之上，则该屏障可以作为两道井屏障。

弃置作业的设计应充分考虑水泥塞的长期性能、储层的压力变化、材料性能退化、环空流体中重组分的沉降、盖层封闭能力下降、尾管变形、温度循环效应、固井水泥的高温退化等影响。

永久弃置井的井口和采油树被移除后，应在井口安装第三道井屏障，防止地表流体对地下淡水的污染。

2. 测试与监控

对于裸眼井段的水泥塞，应采用加钻压来探塞面。如果水泥塞打入套管内，应对套管井段内的水泥塞进行试压。试压要求如下：

（1）水泥塞处套管或潜在窜流处的地层破裂压力（或预测的破裂压力）加上 7MPa 作为水泥塞的测试压力，表层套管水泥塞的试压值为 3.5MPa；

（2）推荐进行负压测试；

（3）试压值不应超过套管试压值和套管磨损后修正的抗内压强度；

（4）当水泥塞打在另外一个已经验证合格的支撑上时，对水泥塞可以不进行压力测试，只需探塞面验证即可。

二、机械桥塞

1. 设计

弃井机械桥塞设计要求包括如下内容。

（1）机械桥塞应能够经受预计的最大压差，最低和最高温度，压力和温度循环，井内流体，预期使用时间和所有预期载荷；

（2）机械桥塞的使用寿命须考虑井下流体性质和工况（如温度、H_2S、CO_2 等）；

（3）机械桥塞应符合相关标准的规定：

①设计验证等级要求为 V0～V3；

②质量控制等级要求为 Q1；

③机械桥塞不能单独作为一个永久性井屏障部件。

（4）机械桥塞应安装在固井质量良好，或壁厚足够，能承受桥塞所施加负荷的套管段内。

2. 测试和监控

如果可行，应按流体流动方向（如负压试压）对桥塞进行试压，并试至（可能产生的）最大压差。如果该桥塞具有双向密封能力，可直接试压至（可能产生的）最大压差。

第四节 数 据 管 理

应记录并保存弃置井完整性相关数据，弃置的典型最终文件包括：

（1）最终的地面位置；

（2）最终的井眼测斜轨迹；

（3）所有留在井眼中的套管和完井部件的信息；

（4）水泥环返高、水泥环性能和支撑部件类型；

（5）水泥塞底部支撑，如桥塞；

（6）井屏障部件位置和组成；

（7）井屏障示意图；

（8）井筒内液体类型和性能；

（9）井筒内遗留的有害物质，如放射性物质、化学物品等；

（10）永久性井屏障的检测记录；

（11）与完成最后弃置作业有关的任何会议记录；

（12）最终的现场检查和状态报告；

（13）持续改进的审查和反馈；

（14）以往弃置作业的建议；

（15）不断更新的风险认识。

对于长期弃置井，应明确数据文件的保存期限和相关数据查询方法，同时，应对弃置井完整性数据文件进行存储。

第五节 需特殊考虑因素

应对弃置作业的风险进行评估，通常应评估以下风险：

（1）压力和地层完好性的不确定性；

（2）时间效应；

（3）储层压力的长期发展情况；

（4）所用材料的性能退化；

（5）加重材料在长期沉降特性；

（6）生产油管结垢；

（7）硫化氢或二氧化碳；

（8）圈闭压力的释放；

（9）设备或材料的未知状态；

（10）环境问题。

思 考 题

1. 讨论暂闭井和永久弃置井对井屏障的基本要求。
2. 根据待弃置井资料，绘制井弃置作业各阶段的井屏障示意图。
3. 讨论弃置井完整性设计方法与要求。
4. 讨论水泥环作为弃置井屏障部件的设计、测试和监控要求。
5. 讨论机械桥塞作为弃置井屏障部件的设计、测试和监控要求。
6. 讨论弃置阶段需要特殊考虑的井完整性因素。

参 考 文 献

[1] International Organization for Standardization. ISO 16530-2 Well integrity- Part2：Well integrity for the operational phase [S]. Switzerland, 2013.

[2] IOS/DIS 16530-1, Petroleum and natural gas industries — Well integrity — Life cycle governance, 2015.

[3] OLF No. 117, Recommended Guidelines for Well Integrity [S]. Strandveien, 2011.

[4] The United Kingdom Offshore Oil and Gas Industry Association Limited . Well integrity guidelines, Issue 1 [S]. London 2012.

[5] Norwegian Oil Industry Association and Federation of Norwegian Manufacturing Industries. NORSOK D-010 Rev. 4, Well integrity in drilling and well operations [S]. Strandveien, 2013.

[6] American Petroleum Institute. API RP 90, Annular Casing Pressure Management for Offshore Wells [S]. Washington DC：API, 2006.

[7] American Petroleum Institute. API RP 90-2, Annular Casing Pressure Management for Onshore Wells [S]. Washington DC：API, 2012.

[8] Oil & Gas UK, Guidelines for the Abandonment of Wells.

[9] Oil & Gas UK, Guidelines on Qualification of Materials for the Abandonment of Wells.

[10] 吴奇，郑新权，张绍礼，等. 高温高压及高含硫井完整性指南 [M]. 北京：石油工业出版社，2017.

[11] 吴奇，郑新权，邱金平，等. 高温高压及高含硫井完整性管理规范 [M]. 北京：石油工业出版社，2017.

[12] 吴奇，郑新权，张绍礼，等. 高温高压及高含硫井完整性设计准则 [M]. 北京：石油工业出版社，2017.

[13] International Organization for Standardization. ISO 10423 Petroleum and natural gas industries Drilling and production equipment-Wellhead and christmas tree equipment [S]. Washington DC, 2009.

[14] International Organization for Standardization. ISO 14310 Petroleum and natural gas industries Downhole equipment -Packers and bridge plugs [S]. Washington DC, 2008.

[15] American Petroleum Institute. API 17TR8, High-Pressure High-Temperature（HPHT）Design Duidelines [S]. Washington DC：API, 2013.

[16] American Petroleum Institute. API RP 14B, Design, Installation, Repair and Operation of Subsurface Safety Valve Systems [S]. Washington DC：API, 2005.

[17] American Petroleum Institute. API RP 14J, Recommended Practice for Design and Hazards Analysis for Offshore Production Facilities [S]. Washington DC：API, 2005.

[18] Classification Based on Performance Criteria Determined Form Risk Assessment Methodology, DNV, 2000.

[19] Recommended Practice DNV-RP-A203. Technology Qualification [S]. Strandveien, 2013.

[20] SY/T 6646—2006, 废弃井及长停井处置指南 [S]. 北京，2006.

[21] ISO/TR 10400, Petroleum and natural gas industries — Equations and calculations for theproperties of casing, tubing, drill pipe and line pipe used as casing or tubing.

[22] ISO 10417, Petroleum and natural gas industries — Subsurface safety valve systems — Design, installation, operation and redress.

[23] ISO 10418, Petroleum and natural gas industries — Offshore production installations — Analysis, design, installation and testing of basic surface process safety systems.

[24] ISO 13628-1, Petroleum and natural gas industries — Design and operation of subsea productionsystems — Part 1：General requirements and recommendations.

[25] ISO 13703, Petroleum and natural gas industries — Design and installation of piping systems onoffshore production platforms.

[26] ISO 14224, Petroleum, petrochemical and natural gas industries — Collection and exchange ofreliability and maintenance data for equipment.

[27] ISO 17776, Petroleum and natural gas industries — Offshore production installations — Majoraccident hazard management during the design of new installations.

[28] ISO 31000, Risk management — Principles and guidelines.

[29] IEC 31010, Risk management — Risk assessment techniques.

[30] Std API 6AV2, Installation, Maintenance, and Repair of Surface Safety Valves and UnderwaterSafety Valves Offshore (replacing API RP 14H).

[31] API/TR 10TR1, Cement Sheath Evaluation.

[32] API Technical Report 10TR2, Shrinkage and Expansion in Oilwell Cements.

[33] API Technical Report 10TR3, Temperatures for API Cement Operating Thickening Time Tests.

[34] API Technical Report 10TR5, Technical Report on Methods for Testing of Solid and Rigid Centralizers.

[35] API RP 14C, Recommended Practice for Analysis, Design, Installation, and Testing of Basic SurfaceSafety Systems for Offshore Production Platforms.

[36] API RP 14E, Recommended Practice for Design and Installation of Offshore Production PlatformPiping Systems.

[37] Health U. K. Safety Executive, Offshore Information Sheet No. 3. Guidance on Risk Assessment for Offshore Installations, 2006.

[38] ISO/TS 17969, Petroleum, petrochemical and natural gas industries—Guidelines on competency for personnel.

[39] Interstate Oil and Gas Compact Commission 1, 2007 Edition, Summary of State Statutes and Regulations for Oil and Gas Production.

[40] U. S. Department of Energy 2, Office of Fossil Energy, National Energy Technology Laboratory, State Oil and Natural Gas Regulations Designed to Protect Water Resources, May 2009 Additional API drilling, completion, and production publications.

[41] API Specification 4F, Drilling and Well Servicing Structures.

[42] API Recommended Practice 4G, Recommendation Practice for Use and Procedures for Inspection, Maintenance, and Repair of Drilling and Well Servicing Structures.

[43] API Recommended Practice 5A3/ISO 13678, Recommended Practice on Thread Compounds for Casing, Tubing, and Line Pipe.

[44] API Recommended Practice 5A5/ISO 15463, Field Inspection of New Casing, Tubing, and Plain-end Drill Pipe.

[45] API Recommended Practice 5C5/ISO 13679, Recommended Practice on Procedures for Testing Casing and Tubing Connections.

[46] API Recommended Practice 5C1, Recommended Practice for Care and Use of Casing and Tubing.

[47] API Technical Report 5C3, Technical Report on Equations and Calculations for Casing, Tubing, and Line Pipeused as Casing or Tubing; and Performance Properties Tables for Casing and Tubing.

[48] API Recommended Practice 5C6, Welding Connections to Pipe.

[49] API Recommended Practice 5B1, Gauging and Inspection of Casing, tubing and Line Pipe Threads.

[50] API Recommended Practice 10B-4/ISO 10426-4, Recommended Practice on Preparation and Testing of Foamed Cement Slurries at Atmospheric Pressure.

[51] API Recommended Practice 10B-5/ISO 10426-5, Recommended Practice on Determination of Shrinkage and Expansion of Well Cement Formulations at Atmospheric Pressure.

[52] API Specification 10D/ISO 10427-1, Specification for Bow-Spring Casing Centralizers.

[53] API Recommended Practice 10F/ISO 10427-3, Recommended Practice for Performance Testing of Cementing

Float Equipment.

[54] API Specification 13A /ISO 13500, Specification for Drilling Fluid Materials.

[55] API Recommended Practice 13B-1/ISO 10414-1, Recommended Practice for Field Testing Water-Based Drilling Fluids.

[56] API Recommended Practice 13C, Recommended Practice on Drilling Fluid Processing Systems Evaluation.

[57] API Recommended Practice 13D, Recommended Practice on the Rheology and Hydraulics of Oil-well Drilling Fluids.

[58] API Recommended Practice 13I/ISO 10416, Recommended Practice for Laboratory Testing Drilling Fluids.

[59] API Recommended Practice 13J/ISO 13503-3, Testing of Heavy Brines.

[60] API Recommended Practice 13M/ISO 13503-1, Recommended Practice for the Measurement of Viscous Properties of Completion Fluids.

[61] API Recommended Practice 13M-4/ISO 13503-4, Recommended Practice for Measuring Stimulation and Gravel-pack Fluid Leakoff Under Static.

[62] API Recommended Practice 19B, Evaluation of Well Perforators.

[63] API Recommended Practice 19C/ISO 13503-2, Recommended Practice for Measurement of Properties of Proppants Used in Hydraulic Fracturing and Gravel-packing Operations.

[64] API Recommended Practice 19D/ISO 13503-5, Recommended Practice for Measuring the Long-term Conductivity of Proppants.

[65] API Recommended Practice 49, Recommended Practice for Drilling and Well Service Operations Involving Hydrogen Sulfide.

[66] API API Recommended Practice 51R, Environmental Protection for Onshore Oil and Gas Production Operations and Leases.

[67] API Recommended Practice 53, Blowout Prevention Equipment Systems for Drilling Operations.

[68] API Recommended Practice 54, Occupational Safety for Oil and Gas Well Drilling and Servicing Operations.

[69] API Recommended Practice 59, Recommended Practice for Well Control Operations.

[70] API Recommended Practice 67, Recommended Practice for Oilfield Explosives Safety.

[71] API Recommended Practice 74, Occupational Safety for Oil and Gas Well Drilling and Servicing Operations.

[72] API Recommended Practice 75L, Guidance Document for the Development of a Safety and Environmental Management System for Onshore Oil and Natural Gas Production Operation and Associated Activities.

[73] API Recommended Practice 76, Contractor Safety Management for Oil and Gas Drilling and Production Operations.

[74] HS&E Report (2005) High Pressure, High Temperature developments in the United Kingdom Continental Shelf.

[75] ANSI/API Recommended Practice 100-1, Hydraulic Fracturing—Well Integrity and Fracture Containment.

[76] API Specification 14A, Specification for Subsurface Safety Valve Equipment.